化石
ウォーキングガイド
関東甲信越版

太古のロマンを求めて
化石発掘28地点

相場 博明 編著

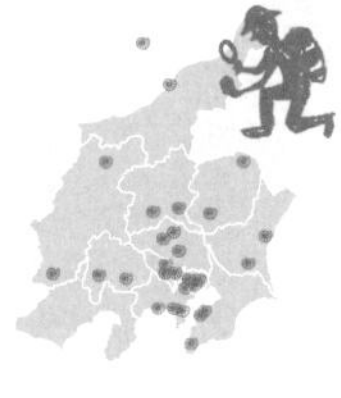

丸善出版

はじめに

ウォーキングは、今やダイエットや健康維持として国民的ブームとなっている。自宅付近でウォーキングするのもよいが、せっかくなら空気の美味しい自然の豊かな地で行いたい。さらに、欲をいえば何か目的をもってウォーキングしたほうが楽しい。

そんな趣旨で誕生したのが、『鉱物ウォーキングガイド　全国版』（2010 年）と『鉱物ウォーキングガイド　関東甲信越版』（2012 年）である。さいわいそれらは世間からの好評を得ている。

本書は、その「化石」版である。ウォーキングしながら、化石を観察・採集してしまおうというものである。化石の発見は時々ニュースとなる。それがゾウやクジラとか大型の化石であったり、恐竜などの珍しいものであったりすると大きく報道される。時には、それを小学生や中学生が発見したというニュースも飛び込んでくる。そう、化石の新発見は専門家だけでなく、素人の誰もが可能性をもっている。そこに、化石探しの大きな魅力とロマンがある。

しかし、今まで出版されてきた化石の本の多くは、専門家向けかマニア向けである。もっと一般の人が気軽に、化石に出会えるようなガイドブックはないのだろうか。本書は、そんな一般の人も、手軽にウォーキングしながら、化石に触れることができるように執筆した。ただし、化石採集にはルールがある。とくに安全性には十分な配慮が必要である。また、産地の状況も時間とともに変化する。そこで、関東甲信越の各地のそれぞれの場所を熟知しており、また最新の状況を確認できる方に執筆分担をお願いした。

執筆者は、児童・生徒・学生を引率した経験があり、また自ら調査経験のある学校関係者および博物館の学芸員、大学の教員達である。それぞれ化石の専門家が、本書の趣旨に添って執筆した。

化石に触れるいちばん良い方法は、自分で採集することである。しかし、近年はその採集できる場所が少なくなってきた。かつては化石の産地として有名な場所がどんどん採集禁止に指定された。心ないマニアが産地を荒らしたことも原因にあると思うが、化石採集の楽しみはできれば多くの人に味わってもらいたい。人がハンマーで岩石を割るくらいのことは、自然の侵食の力から比べたら微々たるものである。本書で紹介したような河川敷や露頭ならば、安全性に注意して化石を採集することができる。ただ、どうしても採集できない場合もある。都会でのビルの化石や採集禁止に指定された場所のものだ。その場合は観察し写真撮影することにしよう。「採集とは自分の手元に記録を残すこと」と考えたら、写真撮影も立派な採集である。

本書を片手に、ウォーキングを楽しみながら、すごい化石を発見し、新聞・テレビで報道されるということがいつかは起こるのではないかと楽しみにしている。

2013年4月

相場　博明

編著者一覧

■ 編　者

相場　博明　　慶應義塾幼稚舎

■ 著　者

相場　博明　　慶應義塾幼稚舎
天野　和孝　　上越教育大学
杵島　正洋　　慶應義塾高等学校
柊原　礼士　　慶應義塾幼稚舎
輿水　達司　　山梨県立大学
齋藤裕一郎　　慶應義塾幼稚舎
高桒　祐司　　群馬県立自然史博物館
滝本　秀夫　　ミュージアムパーク茨城県自然博物館
田辺　智隆　　戸隠地質化石博物館
馬場　勝良　　岐阜聖徳学園大学
宮橋　裕司　　慶應義塾志木高等学校
村松　　武　　飯田市美術博物館

（五十音順・2013 年 4 月現在）

目　次

準備と注意　1
1. 化石の基礎知識　1
2. 服装と持ち物　3
3. 採集方法　4
4. クリーニングと保管　6

★はコースの難易度をあらわす
★☆☆…散歩程度
★★☆…軽いハイキング
★★★…ややきつい

本書の使い方　7

01　出雲崎（新潟県）　★★☆（バス利用）、★★★（すべて歩き）　8
貝

02　沢根・相川（新潟県）　★★☆（バス利用）、★★★（すべて歩き）　14
貝

03　塩原（栃木県）　★★☆　20
貝（新第三紀中新世）、植物、昆虫、魚など（第四紀更新世）

04　葛生（栃木県）　★☆☆　28
フズリナ、ウミユリ、腕足類

05　梅田（群馬県）　★★☆　36
フズリナ、ウミユリ、腕足類、サンゴ、ウニ、三葉虫、サメの歯

06　吉井（群馬県）　★★☆　46
二枚貝、巻貝、ツノガイ、植物、有孔虫、クジラ、サメの歯

07　ひたちなか（茨城県）　★★☆　54
アンモナイト、ウニ、二枚貝

08　かすみがうら（茨城県）　★★★　60
貝

09　地蔵堂・藪（千葉県）　★★☆　68
貝、腕足類、単体サンゴ

10 東日笠（千葉県） ★★★ 74
貝

11 沼（千葉県） ★★☆ 80
造礁性サンゴ（現生サンゴ）

12 荒川 本田（川本）（埼玉県） ★☆☆（タクシー利用）、★★★（すべて歩き） 86
植物、材化石を含む亜炭層、二枚貝、原生生物の殻

13 荒川 黒谷（蓼沼）（埼玉県） ★★☆ 92
二枚貝、甲殻類、サメの歯、魚の鱗、生痕など

14 入間川 笹井（埼玉県） ★☆☆ 98
メタセコイアの材（切株）、裸子植物の球果、被子植物の種子

●●●ひと休みコラム「東京ディズニーシーで化石探し！？」 103

15 昭島（東京都） ★☆☆ 104
アキシマクジラ、植物、生痕、貝など

16 北浅川（東京都） ★★☆（バス利用）、★★★（すべて歩き） 110
植物、コハク

17 五日市（東京都） ★☆☆ 118
メタセコイア葉片、植物、スナモグリ、サメの歯など

18 登戸（神奈川県） ★☆☆ 124
貝、カニ、海棲哺乳類、有孔虫など

19 横浜南部（神奈川県） ★★☆ 130
シロウリガイ等の化学合成生物群集、二枚貝、巻貝(第四紀更新世)

20 大磯（神奈川県） ★☆☆ 140
二枚貝、巻貝、サメの歯

21 殿ノ入沢（山梨県） ★★★ 146
海産の二枚貝、ウニ、サメの歯など

22 小原島（山梨県） ★★☆（バス利用）、★★★（すべて歩き） 152
二枚貝、巻貝など

23 戸隠（長野県） ★★★ 158
貝、植物

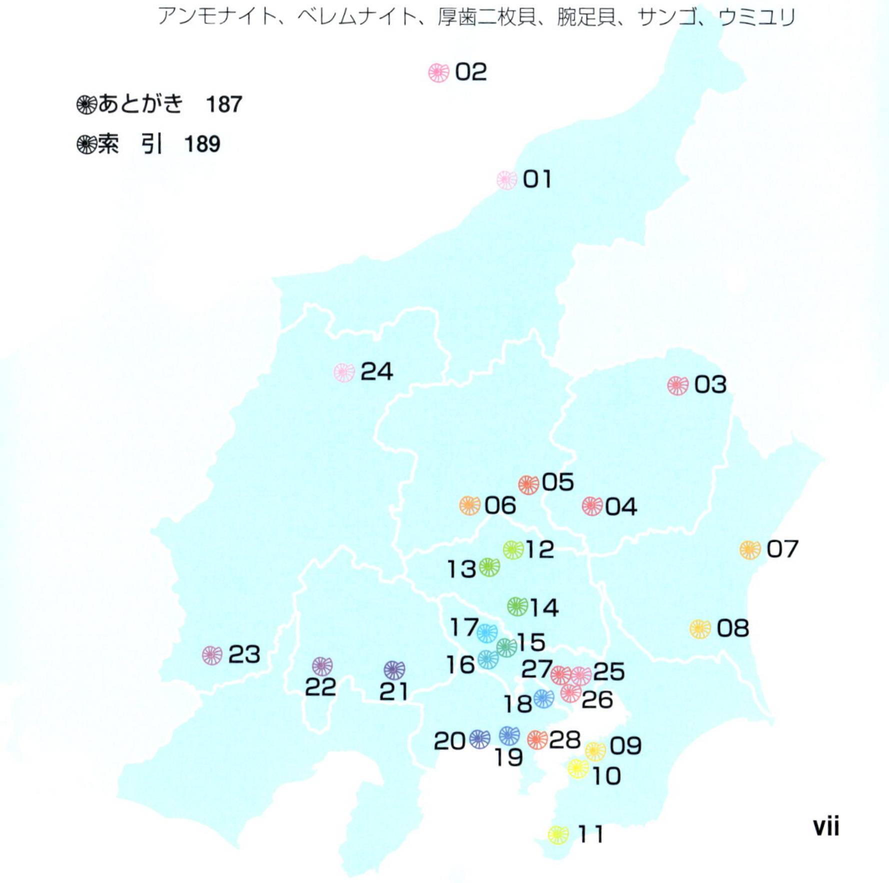
02
01
24
03
05
06
04
12
13
07
14
17
15
08
23
16
27
25
22
21
18
26
20
19
28
09
10
11

準備と注意

1．化石の基礎知識

化石とは何だろうか。この基礎知識があってから出かけたほうがはるかに楽しめる。また、化石を探せる確率も上がる。もう、こんなことは知っているという方は飛ばして読んでほしい。

まず、化石とは、地質時代の生物の遺骸もしくは、その痕跡のこととされている。地質時代というのは、おおよそ１万年前と思っていい。だから、縄文時代や弥生時代のものは化石とはいわない。生物の遺骸なので、生物に関係していないと化石ではない。

よく地層に残されたさざ波の跡（漣痕《れんこん》という）を「さざなみの化石」といっていることがあるが、これは間違いだ。一見生物起源のように見える石を偽化石という。有名なのが「しのぶ石」と呼ばれる岩石だ（写真❶）。これは、岩石の割れ目に浸透した二酸化マンガンの樹枝状の結晶である。筆者はアメリカで、糞の形そっくりの岩石を手に入れた（写真❷）。その姿があまりにもリアル過ぎるので思わず購入してしまったのだが、調べて見たらこれも

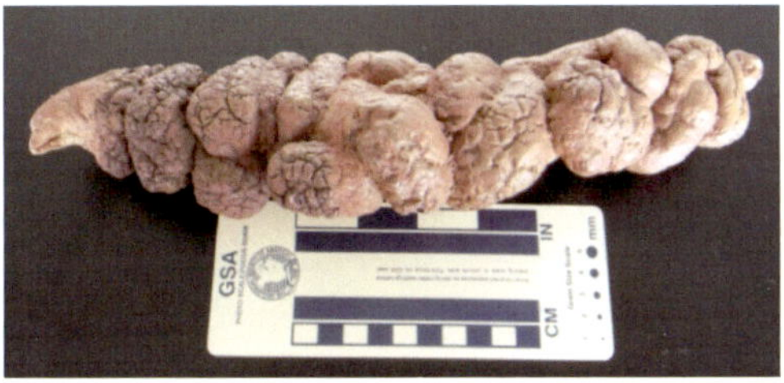

上❶ 偽化石の代表「しのぶ石」
下❷ 糞のように見えるが、堆積作用でできた泥岩

糞の形に似た堆積物であり、化石でないことがわかった。

化石は、生物に関係していれば、その生物の痕跡でも、化石として扱う。すなわち、足跡、巣穴、糞、胃袋の中にあった石までも化石である。これらの化石を生痕《せいこん》化石という。生痕化石の代表としては恐竜の足跡が有名だ（写真❸）。足跡の研究から、恐竜は尾を引きずっていなかったことがわかり、体高や歩く速さ、群れをつくっていたかどうかということまでわかってきた。

生痕化石に対して、生物の体そのものが残されたものを体《たい》化石という。体化石は必ずしも石のように固くなっているとは限らない。氷漬けになったマンモスや、コハクに閉じ込められた昆虫など、その組織自体が残されている場合もある。あるいは、ほかの鉱物などに置き換わっている場合もある。この化石を置換《ちかん》化石と呼ぶことがある。方解石に置換している貝化石（写真❹）や黄鉄鉱に置換しているアンモナイト（写真❺）など、装飾品としてもきれいである。カナダのアルバータ州から産出するアンモナイトは、アンモライトと呼ばれ、おもに霰石《あられいし》に置換され、光沢のある赤色や緑色になっており、その美しさからもはや宝石として扱われている。

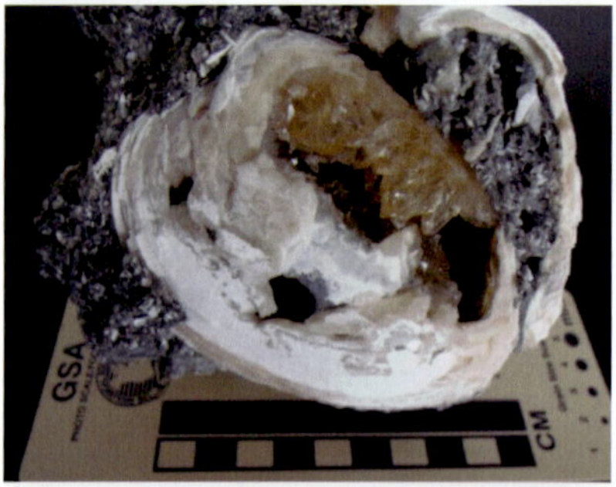

上❸ 生痕化石の代表である恐竜の足跡（韓国）
中❹ 方解石に置換した貝化石
下❺ 黄鉄鉱に置換したアンモナイト

2. 服装と持ち物

汚れてもよい、歩きやすい服装がよい。ただし、化石を採集する場合は、長袖、長ズボン、軍手が必須である。日差しが強い場合は、帽子を必ずかぶろう。靴は履き慣れたもので、ウォーキングシューズや靴底の厚い滑りにくいトレッキングシューズがよい。また、河床に行く場合は、濡れることもあるので履き替え用に、長靴や地下足袋などを用意するとよい。

持ち物としては、化石採集用のハンマー、タガネ（ない場合はマイナスドライバー）、新聞紙、ビニール袋（大、中、小）、油性マジック、ルーペ、デジカメ、ティッシュペーパー、メモ帳、筆記具、壊れやすい化石を採集する場合は、それを入れるプラスッチックの箱やフィルムケースなども用意するとよい。

化石採集用のハンマーは、先が平たくなっているものがよいが、新しい時代の柔らかい地層の場合は、先が尖っていたほうが使いやすい。タガネは先が平らになっている平タガネがよい。マイナスドライバーでも代用ができる。

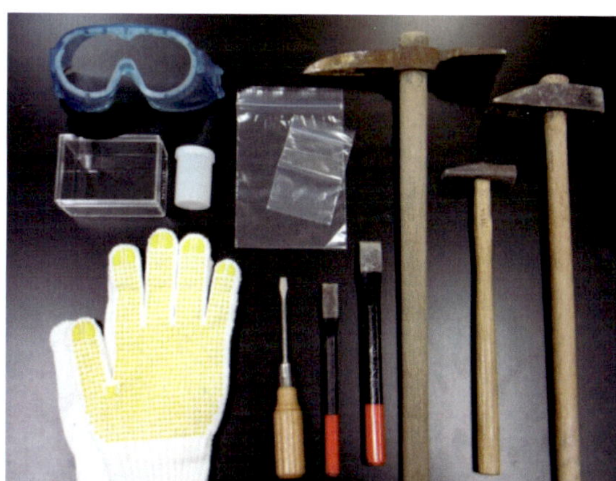

採集道具一式
右から化石ハンマー大、小、先の尖ったハンマーは柔らかい地層用、平タガネ、マイナスドライバー、チャック付きビニールとプラスチックケース、フィルムケースなどは細かい化石を入れるのに必要、軍手とできれば安全眼鏡もあるとよい。

3. 採集方法

化石採集の様子。東京都多摩川河床

化石は地層の中に含まれている。しかし、表面に見えている場合もある。その場合は、周りから大きくブロックごと取り出そう。ブロックは、室内に持ち込み、ゆっくりとクリーニングすればよい。ここで、あえて化石だけを取り出そうとすると、せっかくの化石を壊してしまうことになる。

地層の中から、化石を取り出す方法は、まず、岩石をできるだけ大きな固まりで掘り出す。岩石が固い場合は、タガネを使うとよい。掘り出したら、地層の層理面《そうりめん》にそって、ハンマーの平らな面を合わせて割る。層理面とは、地層が堆積した時の面であり、細かいすじができていることもある。化石はこの層理面に沿って入っている。よって、層理面は割れやすくなっている。ただし、石灰岩や砂岩などは層理面ができていない場合もある。

層理面を割って中から化石が出てきたら、丁寧に新聞紙に包んで、ビニール袋に入れる。植物の葉の化石のように、岩石の両側に残されていることがある。これをカウンターパートという(写真❻)。カウンターパートも一緒に採集しよう。この場合も、あとでクリーニングすることを考えて、無理して細かいところまで割らないことである。ビニール袋には、油性マジックで、産地と日付をしっかりと記入するとよい。

❻ 層理面についている植物化石、手前の２つはカウンターパート

コハク、植物の種子、サメの歯、昆虫化石など細かく壊れやすい化石が産出したら、ティッシュペーパー

などで丁寧に包み、プラスチックケースやフィルムケースに入れよう。

石灰岩など古い時代の岩石は固いので、破片は飛び散ることがある。できれば安全メガネをかけよう。

採集は、研究するわけではないので必要な量だけにしよう。崖や道路の切り割りなどから採集する場合は、大きく崩したり、穴を空けたりするとたいへん危険であり、また迷惑になる。心ないマニアや採集業者が、大きく採掘してしまい、採集禁止になった場所も多い。化石は、必要な分だけを採集し、採集したあとは片付けるなどのマナーを心掛けたい。もちろん、採集禁止になっている場所や他人の土地などには入ってはいけない。

そして何より注意したいのが、安全面だ。危険な崖をのぼったり、落下の恐れのある崖には絶対に近づいたりしないこと。ハンマーを振るう時は、周りに人がいないことを確認しよう。

化石は、学術的な価値がある。時には、貴重なものを一般の人が見つけることがある。小さくて採集が容易なものは、それを採集し近くの博物館や大学などの専門の人に見てもらうとよい。また、大型の骨のようなものを見つけたら無理して掘り出さないで写真や記録をとり、それを専門家に見せるようにしよう。貴重な化石の発見は、時に大きなニュースになる。これがきっかけで博物館ができてしまうこともある。地方であれば、村興し、町興しにもつながってしまう。本書がその契機になったら嬉しいものだ。

37 社会 S 14版 2010年(平成22年)

新種 八王子ゾウ

半世紀ぶりに確認

東京都八王子市で発見された230万年前の古代ゾウの化石が新種として認められ、世界的に権威のある英国の古生物学会誌「パレオントロジー」に掲載された。論文の著者で、発見者でもある慶応幼稚舎の相場博明教諭(52)が30日発表した。学名は「ステゴドン・プロトオーロラエ」(通称・ハチオウジゾウ)。国内で古代ゾウは10種ほど確認されているが、新種が加わるのは半世紀ぶりという。

化石は2001年12月に八王子市楢原町の北浅川河川敷で見つかった。1・8㍍の牙2本と6本の臼歯、大腿骨などが出土、ステゴドン属の一種と判明した。日本のステゴドン属は、体高3㍍のミエゾウ(400万~290万年前)から、同2㍍のアケボノゾウ(200万~100万年前)に進化したとされているが、その間に100万年ほどの空白があった。

相場教諭は、臼歯の大きさや歯の中の溝の本数がミエゾウとアケボノゾウの中間の特徴を持つことから新種と結論づけた。生息年代は290万~210万年前と推定されている。

ハチオウジゾウの牙の化石=2002年1月、東京都八王子市楢原町、相場博明氏提供

筆者が発見したハチオウジゾウの記事(朝日新聞2010年7月)

4. クリーニングと保管

採集してきた化石の周りの岩石をきれいに取り除くことをクリーニングという。岩石の中から、化石が姿を現してくるのは楽しいものだ。

使う道具は小型のハンマーと、小さな平タガネを用いる。マイナスドライバーでもよい。細かい部分のクリーニングは、より小さいタガネや、千枚通しなどを使うこともある。基本的には、化石を傷つけないように、丹念に周りの岩石を取り除いていく。タガネは、化石のついている面に垂直に当てて、やや浮かすようにして化石の上を覆っている岩石を叩くとうまくはがれる。

うっかり、化石を割ってしまう場合もある。その場合は木工ボンドがよい。木工ボンドは最初は白いが、乾くと透明になる。

化石は、腐るものではないのでいつまでも保管できる。ただ、新しい時代の植物の種や実など乾燥すると壊れてしまうものがある。その場合は液浸《えきしん》標本にするか、表面にニスを塗るなどの工夫が必要となる。

化石は、標本箱を用意し、その中に標本ラベルとともに保管したい。標本ラベルには、採集した場所、採集日、採集者を記入する。もし種名がわかればそれも記入しておく。標本ラベルを化石に添えることで、初めて化石としての価値が生じることになる。

化石の名前を調べるのは難しい。ただ、第四紀の新しいものは、現生のものと同じ種である場合が多い。よって、貝殻図鑑、植物図鑑などを頼りに調べることができる。ただ、もう絶滅している種については、専門的な文献・論文を手に入れるか専門家に頼るしかない。

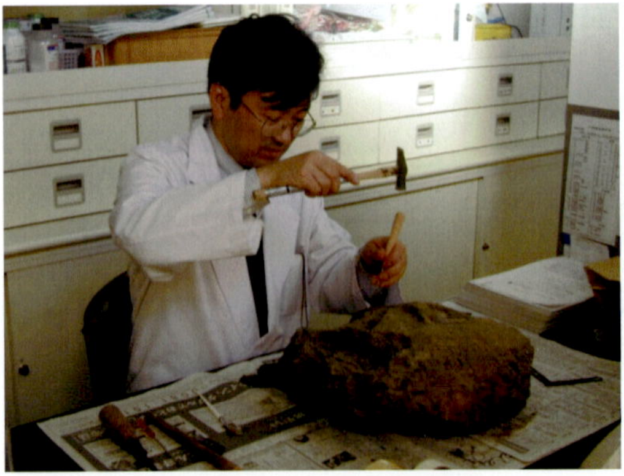

ハチオウジゾウの臼歯をクリーニングする筆者

本書の使い方

★はコースの**難易度**をあらわす
★☆☆…散歩程度
★★☆…軽いハイキング
★★★…ややきつい

（化石アイコン）はコース中に見られるおもな**化石**をあらわす
産地名としてコースの地名を表記する※

（虫めがねアイコン）は**見どころ**をあらわす
地学的あるいは観光的に立ち寄ってみたい場所

（人アイコン）は**標準的なコース**をあらわす

（双眼鏡アイコン）はコースから少しはずれるが、
行ってみたい場所

方角は**上が北**をあらわす

解説

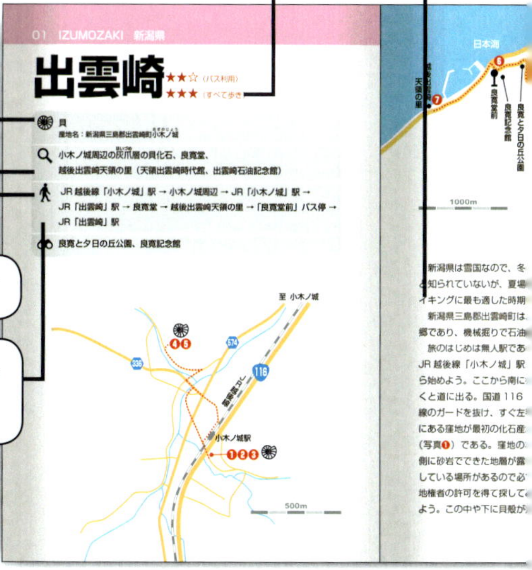

※ 産地名は平成 25 年（2013）4 月現在の行政上の地名

出雲崎

★★☆（バス利用）
★★★（すべて歩き）

貝
産地名：新潟県三島郡出雲崎町小木ノ城《おぎのじょう》

小木ノ城周辺の灰爪《はいづめ》層の貝化石、良寛堂、
越後出雲崎天領の里（天領出雲崎時代館、出雲崎石油記念館）

JR 越後線「小木ノ城」駅 → 小木ノ城周辺 → JR「小木ノ城」駅 →
JR「出雲崎」駅 → 良寛堂 → 越後出雲崎天領の里 →「良寛堂前」バス停 →
JR「出雲崎」駅

良寛と夕日の丘公園、良寛記念館

新潟県は雪国なので、冬場のウォーキングはおすすめできない。また、意外と知られていないが、夏場はフェーン現象が起こりやすく、暑い日が多い。ハイキングに最も適した時期は雪解けの春である。

新潟県三島郡出雲崎町は、江戸時代の歌人・書家として有名な良寛さんの故郷であり、機械掘りで石油を採掘した初めての場所でもある。

旅のはじめは無人駅であるJR越後線「小木ノ城《おぎのじょう》」駅から始めよう。ここから南に行くと道に出る。国道116号線のガードを抜け、すぐ左手にある窪地が最初の化石産地（写真❶）である。窪地の右側に砂岩でできた地層が露出している場所があるので必ず地権者の許可を得て探してみよう。この中や下に貝殻が落

❶ 小木ノ城の1番目の化石産地（草むらの中にある窪みを探そう）

❷ 灰爪層最上部の砂岩層が露出している。窪地を掘らずに、窪地の下に落ちている貝殻を探そう

ちている（写真❷）。ここから採集できる貝化石(写真❸)はまるで潮干狩りの貝のように新鮮だが、80 万年も前に生きていた貝類で、今は絶滅してしまった貝類も含まれている。おもな種類はキララガイ、ビロードタマキガイ、サトウノミカニモリ、トウキョウホタテなどである。キララガイは冷たい海の貝類だが、ビロードタマキガイは暖かい

❸ 1 番目の化石産地から採集される貝化石。1、2、キララガイ、3 サトウノミカニモリ、4、5 ビロードタマキガイ、6 トウキョウホタテ

❹ 小木ノ城 2 番目の化石産地（砂岩層中にホタテガイ類などの貝化石が入っている）

海の貝類である。日本海側では現生、貝化石ともにビロードタマキガイの産出は少ない。サトウノミカニモリとトウキョウホタテは絶滅種である。なお、キララガイのキララは大和言葉の白雲母に由来し、忠臣蔵で有名な吉《き》良《ら》上野介《こうずけのすけ》の吉良と同じ語源である。

化石の採集が済んだら、来た道を引き返そう。まっすぐに行くと県道 336 号線に出る。左折してしばらくすると十字路に出る。ここを右折して小川を渡り、つきあたりを左折し、200 m ほど川沿いの道を歩くと右側に水田が広がる。この水田に沿った崖が次の化石産地（写真❹）である。

採集する場合には地権者の許可をもらおう。この産地も灰爪層《はいづめそう》だが、小木ノ城よりもやや古い時代の化石が採集できる。ここから採集できる貝化石で特徴的なのは、ホタテガイ類である。現生種のホタテガイ、エゾキンチャクガイに加え、絶滅種であるヨコヤマホタテ、コシバニシキ、ダイシャカニシキなどが

❺ 2番目の化石産地から採集されるホタテガイ類の化石。1、2 ホタテガイ、3 コシバニシキ、4 ヨコヤマホタテ、5 エゾキンチャクガイ、6 ダイシャカニシキ

❻ 良寛堂（良寛の生家のあった場所に建てられ、海側には母親の故郷佐渡の方向を向いた良寛の像もある）

採集できる。ヨコヤマホタテは日本海側のみに産出し、放射肋《ほうしゃろく》（縦のスジ）が25～30本と、現生のホタテガイの22～24本よりも多いので区別できる(写真❺)。

県道336号線に出て「小木ノ城」駅に戻り、ここから「長岡行き」の電車に乗り、ひと駅先の「出雲崎」駅まで行こう。ここから「出雲崎車庫行き」のバスに乗るか、駅前を左折してしばらく歩き国道352号線（旧三国街道）に出て、日本海に向かって約4km歩いていこ

❼ 越後出雲崎天領の里（レストランや土産物店も兼ねた複合施設）

う。「良寛堂前」バス停から徒歩２分で江戸時代の歌人でもあり、書家でもあった良寛さんの生誕地である良寛堂（写真❻）に到着する。この付近の出雲崎中心街は、江戸時代に佐渡の金山から産出した金が送られてくる港があった。北国街道沿いの宿場町として栄えた場所であり、松尾芭蕉が「荒海や佐渡によこたふ天河」という有名な句を詠んだ場所でもある。ここから、１km ほど国道352 号線（旧北国街道）を西方に歩いていこう。右手に道の駅「越後出雲崎天領の里」（写真❼）が見えてくる。ここが、今回の旅の終着点である。

『日本書紀』に天智天皇の頃、越《こし》の国《くに》から燃える水が朝廷に献上されたという記録があり、江戸時代の『大和本草《やまとほんぞう》』には「臭水《くそうず》」と書かれているように、古来より新潟は国内ではまれな石油産出地として知られてきた。出雲崎はこの石油を日本で初めて機械掘りで採掘した場所でもある。「天領の里」には当時の様子がうかがえる「出雲崎石油記念館」も併設されている。また、館内には江戸時代の出雲崎の繁栄を物語る「天領出雲崎時代館」も併設されている。見学が終わったら、再び歩いて「良寛堂前」バス停まで戻り、「長岡行き」のバスに乗ろう。約 10 分で「出雲崎」駅に到着する。ただし、バスの便は１時間に１本程度しかないので、あらかじめ調べておこう。時間に余裕があれば、「良寛と夕日の丘公園」、「良寛記念館」を訪れるとよい。

沢根・相川

★★☆（バス利用）
★★★（すべて歩き）

貝
産地名：新潟県佐渡市沢根質場《さわねしちば》

沢根質場の沢根層の貝化石、佐渡金山、相川郷土博物館

「沢根質場」バス停→沢根質場 → 佐渡金山 → 相川郷土博物館 →
「相川」バス停

佐渡奉行所跡、中山峠のキリシタン塚

❶ 沢根崖の標識

新潟県佐渡市は史跡が多く、多くの人を引きつけてやまない場所であるが、何といっても佐渡金山が有名である。佐渡へは新潟港から両津港へカーフェリーと高速船が、直江津港から小木港へとカーフェリーが就航している。ここでは、便数の多い新潟・両津便を利用し、両津港から佐渡本線の「相川行き」のバスに乗り、途中の沢根質《さわねしち》場《ば》を目指すことにする。

両津から 50 分ほどで「沢根質場」バス停に到着する。下車したら、バスの進行方向に歩いて行こう。しばらくすると道が右にカーブする地点で、沢根崖の標識（写真❶）がある。標識にしたがい、左折して海岸を目指す。漁船置き場を通り過ぎると、崖が一部崩れている沢根質場の崖が見える（写真❷）。こ

の崖は沢根層の最上部にあたり、今から 80 ～ 50 万年前頃に堆積した地層からなる。地層はほぼ水平で、粒の粗い砂岩やその上のシルト岩（粒の粗い泥岩）中に貝化石が含まれている（写真❸）。

砂岩層からはエゾタマキガイ、エゾシラオガイ、エゾザンショウ、ムギガイなどが採集される（写真❹）。いずれも、エゾ（北海道の旧名）がついていることからもわかるように寒冷な浅海に生きている貝類である。一方、崩れた土塊中のシルト岩を探すと、トヤマソデガイ、ロウバイ、ケショウツノオリイレ、エゾイグチガイなどの貝化石が採集できる（写真❺）。殻が薄いので、注意深く採集しよう。このうち、トヤマソデガイは日本海にしかいない固有種で、深海に生息している貝類である。

砂岩中の化石は海岸に打ちあがっていることがあり、現生の貝類と混同する場合があるが、白色化したり、摩耗しているので、区別できる。また、化石は冷たい海にすむ貝が多いが、海岸に打ちあがっ

❷ 沢根質場の崖の遠景（奥の崖が崩れた場所）

❸ 化石を含んでいる地層

上❹ 砂岩中から採集される貝化石。1、2 エゾシラオガイ、3 エゾザンショウ、4 ムギガイ、5、6 エゾタマキガイ

下❺ シルト岩から採集される貝化石。1 ケショウツノオリイレ、2、3 トヤマソデガイ、4、5 ロウバイ、6 エゾイグチガイ

❻ 道遊の割戸の遠景

ている貝は対馬暖流の影響で暖かい海の貝が多い点で対照的である。比較してみるのも面白い。

沢根質場から有名な佐渡金山まで約 6km ほどの距離がある。県道 31 号線を相川方向へ歩いていこう。沢根から県道沿いに歩いていくと、中山トンネルという長いトンネルを抜け、相川中学校、相川城址公園を右手に見て、道遊《どうゆう》トンネルという短いトンネルを抜ける。ここを抜けると県道 463 号線（大佐渡スカイライン）につきあたるので、右折して、山道をのぼっていこう。しばらくすると、頂上が真っ二つに割れた山が見えてくる（写真❻）。これは「道遊の割戸《われと》」と呼ばれていて、江戸時代に人の手によって金が露天掘りされていた痕跡である。

佐渡金山は関ヶ原の合戦が終わった翌年の慶長 6 年（1601）から、元々は銀山として開発が始まった。江戸時代には世界最大の金山であり、掘られた坑道の長さは 400 km に達する。これは相川・東京間の距離とほぼ同じである。佐渡金山の金は今から 2300 万年以上も前の緑色の凝灰岩《ぎょうかいがん》や変質した安山岩《あんざんがん》（相川層群）を貫く石英岩脈中に含まれている。相川層群は日本海ができる際の火山活動によって形成された地層である。

しばらく歩くと宗太夫坑《そうだゆうこう》を利用した史跡佐渡金山に到着する。入場料を払って暗い坑道に入っていくと、江戸時代の採掘の様子を復元した電動人形（写真❼）があり、臨場感がある。また、資料館も併設されていて、当時の採掘道具や生活の様子が展示されている。

見学が終わったら来た道を引き返し、道遊トンネル入口を過ぎても、そのまま県道 31 号線を歩いて行き、相川病院近くのつきあたりを右折する。左手に佐渡奉行所跡が見える。さらに進むと川を渡るが、渡った右手に旧宮内省御料局《ごりょうきょく》佐渡支庁を利用した明治時代の古めかしい建物が見えてくる。これが、「相川郷土博物館」である（写真❽）。御料局とは、皇室の山野林の管理をする役所のことで、その名残が瓦に残された菊の御紋からもわかる。ここには、金山関係の資料はもちろんのこと、鉱物・岩石標本や相川に関係した民俗資料が展示されている。

上❼　江戸時代の坑道内の様子を復元
下❽　相川郷土博物館

県道31号線をさらに進み、海岸沿いの県道45号線に出たら、左折し、相川市街を歩いていこう。ここから約1kmで佐渡会館前の「相川」バス停に到着する。ここからバスに乗り、約1時間で両津港に戻る。「両津行き」のバスは1時間に1～2便ほど出ている。また、本線の途中にある「佐和田」バス停で七浦《ななうら》海岸線に乗り換えると、沢根質場から海岸沿いに、相川郷土博物館を経由して佐渡金山前まで行くことができるが、便数が少ないので、利用する際は時間を調べておこう。時間に余裕があれば、「佐渡奉行所跡」や「中山峠のキリシタン塚」などを訪れてみてはいかがだろうか。

塩原★★☆

貝（新第三紀中新世）、植物、昆虫、魚など（第四紀更新世）
産地名：栃木県那須塩原市

日本の新第三紀中新世の指標とされる塩原貝類動物群、
日本の植物化石では最も美しいといわれる塩原木の葉化石

東北新幹線「那須塩原」駅または JR 東北本線「西那須野」駅 →
「塩原温泉バスターミナル行き」→ 七ツ岩吊橋 →
塩原温泉ビジターセンター → 遊歩道前山コース → 小太郎ヶ淵 →
湯っ歩の里 → 源三窟《げんざんくつ》 → 逆さ杉 → 木の葉化石園 →
塩原温泉バスターミナル → JR「那須塩原」駅または「西那須野」駅

塩原渓谷遊歩道、もみじ谷大吊橋

スタートは東北新幹線「那須塩原」駅またはJR東北本線「西那須野」駅。JRバス「塩原温泉バスターミナル行き」に乗り、約45分で七ツ岩吊橋に着く。ここから川のほうに向かうと七ツ岩吊橋があるので、これを渡ろう（写真❶）。車道に出るので、そこを渡ると塩原温泉ビジターセンターに着く（写真❷）。ここでは塩原の動植物や自然の解説があるので、まずここで予習をしよう。もちろん化石の展示もある。また、このまわりは多くの遊歩道が整備されていて、パンフレットも置いてある（有料）。インターネットなら無料でダウンロードできるのであらかじめ用意していくとよい。体力に自信のある人は、バスをもう少し手前（「回顧橋」バス停）で降りて、塩原渓谷遊歩道を歩いてビジターセンターに来るのもよい。特に紅葉の時期は見事である。ビジターセンターでの予習の後は、いよいよウォーキングのスタートである。ビジターセンターを出て左側に遊歩道の入口がある。ここでは前山コースに向かう。山道をしばらく行くと鹿股川《かのまたがわ》に出る。仙人岩吊橋（写真❸）を渡り、渓谷に沿って歩いたらのぼり道となり

上❶ 七ツ岩吊り橋
中❷ 塩原温泉ビジターセンター
下❸ 仙人岩吊橋

❹ 小太郎茶屋

車道に出る。この車道を少しのぼると「小太郎ヶ淵」の看板がある右側の道に進む。しばらく歩くと砂利道となり、小太郎ヶ淵に着く。ここは戦国末期に小太郎という若君が身を投げたといわれる淵であり、川沿いに倒れそうな古い茶屋がある（写真❹）。建物も味があるが、ここの草ダンゴも味のある美味しいものである。そしてこの周辺にある岩石は硬い砂岩である。茶屋に渡る入口付近に 10 個ほど、化石を含んでいる岩石をさりげなく積んである所がある。二枚貝が密集した見事な化石である（写真❺）。ホタテガイのように見えるのは、カネハラヒオウギガイである。もちろんここは日光国立公園であり、また塩原町指定の天然記念物なので採集はできない。草ダンゴ

❺ さりげなく置かれた貝化石

を食べて化石の観察が終わったら、また来た道を戻ろう。車道をずっと下り、箒川《ほうきがわ》を渡り、国道400号線に出る。ここの上流側は畑下《はたおり》という温泉街であり、その雰囲気を楽しみながら歩こう。ここは尾崎紅葉の『金色夜叉』ゆかりの温泉として知られた所である。しばらく上流に行くと「湯《ゆ》っ歩《ぽ》の里」という看板がある。その看板にしたがい橋を渡ると、全長60mという日本最大級の足湯の施設がある（写真❻）。ウォーキングで疲れた足をこの湯で癒して、ひと休みするのもよい。湯っ歩の里を出たら、山側に出てバイパスを右折する。しばらく車道を歩くと、元祖スープ入り焼そば「釜彦」という看板が目立つ店がある（写真❼）。焼そばにスープが入ったもので有名な塩原のB級グルメである。ラーメンでもない、焼そばでもない不思議な味である。お腹がすいていたらここで味わうとよい。腹ごしらえの後、しばらく上

上❻ 湯っ歩の里でひと休み
中❼ 塩原名物のスープ入り焼そば
下❽ 源三窟の入口

上❾ 中に人形が飾ってある
下❿ 洞窟の中の木の葉化石（偽化石）

流側に歩くと「源三窟《げんざんくつ》」という鍾乳洞に着く（写真❽）。ここは、源三位頼政《げんざんみよりまさ》の嫡孫《てきそん》である源 有綱《みなもとのありつな》が身を隠していたという伝説が残る鍾乳洞である。入場料を払うと係の人が丁寧に説明してくれる。鍾乳洞は長さ 50 m ほどの小さいものであるが、中に人形が飾ってあり（写真❾）、隠れながら生活していた様子が再現されている。途中に、木の葉の化石（写真⑩）、カワニナの化石としての説明がなされている。しかし、これは厳密にいうと葉やカワニナが石灰華《せっかいか》で後から取り囲まれた偽化石《ぎかせき》の可能性もある。鍾乳洞の見学が済んだら、展示スペースがあり、武具などとともに化石の展示戸棚がある。シーラカンス、アンモナイトなどとともに、オーストラリア産の石灰華で固められた植物の葉の偽化石も展示されている。また、お土産コーナーでは、小太郎ヶ淵で見た新第三紀中新世の貝化石を販売している。出口には長生きの水があるので、これを飲んで次の場所に歩こう。しばらく行くと「塩原八幡宮」という神社がある。ここにあるのが天然記念物に指定されている逆杉《さかさすぎ》である。逆杉は２本の夫婦杉で、樹齢は 1500 年とされている御神木である。枝が下に向かって伸びているので逆杉という名がついた（写真⑪）。バイパスから

上⑪　御神木である見事な逆杉
下⑫　木の葉化石園の露頭

⓭ ウグイの化石

本道に行く道を降り、中塩原の橋を渡ると、最終目的地である「木の葉化石園」に到着する。ここからは、古塩原湖と呼ばれる約 30 万年前の湖の底で堆積した地層（写真⓬）の中に閉じこめられた、さまざまな化石が産出している。特に植物の化石は見事な保存状態であり、明治 21 年（1888）には外国の学者が論文として紹介しており、現在は約 220 種類もの植物化石が同定されている。また、植物だけではなく、チョウ、セミ、トンボ、カミキリムシなど多くの昆虫化石も産出しており、昆虫化石としても世界的な産地である。それ以外では、新種のシオバラガエルやネズミ、ウグイ（写真⓭）なども見つかっており、それらは館内でも展示されている。また、展示物は木の葉化石園から産出したものだけではなく、世界中の化石や岩石、鉱物なども展示している。もちろん、ここにある露頭《ろとう》に勝手に入って化石を採集してはいけないが、この岩石ブロックをお土産として購入することができる（写真⓮）。1 人 2 袋までという制限になっているのは、業者などが大量に購入してしまうのを防ぐためだそうだ。なお、教育機関であれば注文すると発送もしてくれる。ちなみに筆者は、この岩石ブロックを小学校 6 年生の理科の化石の授業に取り入れたカリキュ

⓮ お土産用の岩石ブロック

ラムを開発してきた。そしてこの授業は６年生で最も人気の高い授業となっている。最近は多くの学校に広まったらしい。化石採集は室内でも可能なのだ。もちろん、化石自体もお土産として購入することもできる。鑑定された名前までついている（写真⓯）。しかし、化石の楽しみは自分で採集し、自分で名前を調べること。ぜひ、ここに訪れたら、このお土産で化石採集を楽しんでほしい。実はこのお土産の中から、ネズミの化石、魚の化石、珍しい昆虫化石などが発見されている。博物館の見学が終わったら、バイパスに戻らずに国道を戻り、塩原温泉バスターミナルまで歩き終着となる。

⓯ 木の葉化石のお土産

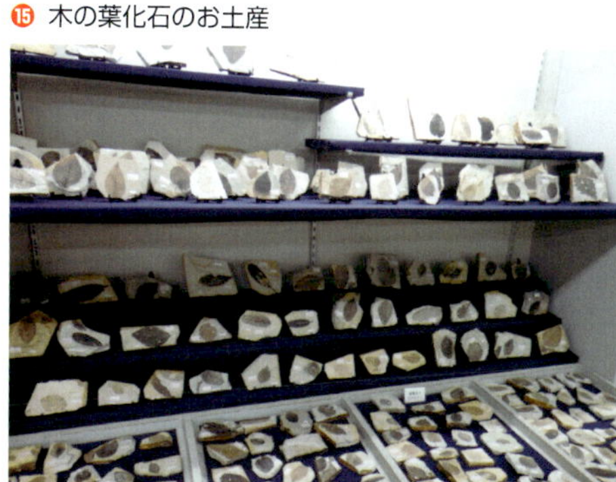

葛生★☆☆

フズリナ、ウミユリ、腕足類
産地名：栃木県佐野市葛生地区（旧・葛生町）

ペルム紀礁性石灰岩中のフズリナ・ウミユリ化石

東武鉄道「葛生」駅 → 葛生化石館 → 嘉多山《かたやま》公園 → あくとプラザ（秋山川の河原）→ 葛生人骨出土跡公園（葛生原人出土跡碑）→東武鉄道「葛生」駅

宇津野《うつの》洞窟、羽鶴《はねつる》峠

上❶ 東武鉄道「葛生」駅
下❷ 葛生化石館

葛生は石灰の街である。ここは良質な石灰岩や苦灰岩（ドロマイト）が大規模に産出するところで、現在も多くの鉱山が稼働している。石灰岩はわが国が自給できる重要な地下資源であり、セメントやコンクリート、製鉄や化学工業の原料、肥料などに利用され、わが国の発展を支え続けている。

東武鉄道佐野線の終点が「葛生」駅である（写真❶）。かつてはこの先にも線路が延びて複数の石灰鉱山と直接つながっており、「葛生」駅は採掘された石灰石やセメントを首都圏各地に振り分ける、日本屈指の貨物ターミナル駅だった。これらの貨物路線は徐々に廃止され、現在はこぢんまりとした駅舎が建つが、駅南側の広大な空き地（貨物駅跡）などに当時の面影が残る。

「葛生」駅改札を出て小川を渡り、右折して川沿いに進むと、8分ほどで佐野市葛生庁舎（旧葛生町役場）がある。この敷地の奥に「葛生化石館」（写真❷）がある。文化センターの建物の約半分を占める施設で、入館無料。ここは葛生をはじめ各地の石灰岩や、葛生産の化石を中心に数多くの化石を展示している。これから化石発掘に行く人は、ここで葛生の石灰岩の分布や産状、化石の見え方など予習するといいだろう。非常にわかりやすい地図「葛生ジオサイトマップ（写真❸）」もおすすめ。また当館では定期的に化石発掘企画も開催している。要チェックだ。

葛生の石灰岩は、古生代ペルム紀の熱帯の海に浮かぶ島の礁が、プレート運動によって移動し、ユーラシアに衝突した付加体である。ここの石灰岩からはフズリナやウミユリなどの化石（写真❹）が豊富に見つかる。フズリナは紡錘《ぼうすい》形をした石灰質の殻をもつ海の原生生物で、古生代石炭紀からペルム紀にかけて急速に発達し、この時代の重要な示準《しじゅん》化石である。また、ウミユリは深海に今も棲息する「生きた化石」だが、化石では茎をつくる円柱状の骨板がバラバラになって、

❸ 葛生ジオサイトマップ
（葛生化石館で配布）

❹ 葛生石灰岩に含まれる化石。フズリナがびっしり入り、写真左上にはウミユリも見える（嘉多山公園）

左❺ 嘉多山公園。斜面に石灰岩片が散らばる
右❻ 原人ステージ。周辺の石組みも石灰岩（拡大したものが写真❹）

石灰岩の中に含まれることが多い。そのほか、腕足類やコケムシ、サンゴなどの化石が見つかることもあるが、圧倒的に多いのはフズリナとウミユリのようだ。

葛生化石館の出口でお土産用の石灰岩片をもらい、化石館を後にする。西に少し歩き、街の中心部を貫く県道 123 号線を北上すると、12 分ほどで嘉多山公園南の交差点に出る。ここを右斜めに進み、葛生中学校を左に見ながら歩く。この整備された道は「原人ロード」というらしい。正面に嘉多山公園（写真❺）が見える。嘉多山公園は葛生の街を見下ろす高台にあり、春には山全体に植えられた桜が花を咲かせ、多くの花見客で賑わう。その桜の足下に石灰岩片が多数落ちている。よく探せば化石が入った石ころも見つけられるだろう。ただし公共の公園なので、ハンマーを振るったり埋まった岩石を掘り起こすのは厳禁。マナーを守り、転石を数個拾う程度にとどめよう。

嘉多山公園の一番上には広々としたスペースが広がる。ここから眺める葛生の街並も見事だが、丸太を組み上げた「原人ステージ（写真❻）」の周囲や観客席には、これも実に見事なフズリナやウミユリの化石が入った葛生産石灰岩の石材が敷き詰められている（写真❹）。岩の表面に浮かび上がる化石をじっ

❼ 秋山川の河原

くり観察しよう。

嘉多山公園を後にして、国道293号線（葛生バイパス）を西に進む。行き交うダンプの車列や、灰色の石灰粉塵を被った街路樹を見ながら、葛生は今も現役の鉱山都市なのだと実感する。

15分ほど歩くと秋山川を渡る。この橋の左前方が、文化ホール「あくとプラザ」。そのすぐ東、秋山川の河原（写真❼）が広がったところで化石探しをしてみよう。

河原の礫《れき》は、意外にも砂岩が多い。砂岩はやや黄色みがかっているのに対し、石灰岩はやや青みがかった灰色をしているので、識別は難しくないと思われる。フズリナやウミユリの化石（写真❽）はたいてい石灰岩の表面に浮き

❽ 河原の礫に含まれるフズリナ化石

❾ 秋山川沿いの遊歩道の石材に含まれるウミユリ化石

出て見えるので、ここではハンマーで叩いたりする必要はない。むしろ、風化面のほうが母岩と化石の識別がしやすいため、母岩から化石を取り出すのではなく、石のまま採集しよう。ただし河原の礫は薄く泥を被っているので注意が必要だ。濡らして観察するといいだろう。

思う存分採集したら、そのまま川沿いに南下しよう。川沿いの遊歩道の整備にも地元の石灰岩が使われており、ここでも化石が見つかるはずだ（写真❾）。そのまま国道293号線へ。しばらく歩くと道路右側に「葛生原人出土跡」の標識（写真❿）が見える。「葛生原人」とはかつて、ここの石灰岩中の洞窟から複数の

上❿ 「葛生原人出土跡」の標識
下⓫ 「葛生原人」の像

⑫ 公園内の石碑と説明板

動物の化石と一緒に発見された人骨のことで、発見後しばらくは旧石器時代の人骨化石、つまり「原人」と理解され、葛生町のシンボルとされてきた（写真⑪）。ところが近年、放射性炭素法による年代測定の結果、この人骨は 14 ～ 17 世紀のもの、つまり現代人の人骨であることが確認された。現在この出土跡は「葛生人骨出土跡公園」（写真⑫）という整備された公園になっており、石灰岩の大露頭や洞窟、石碑や説明板などを見ることができる。また、ここからも葛生の街を一望できる。

裂罅《れっか》堆積物・洞窟堆積物と脊椎動物化石

石灰岩は地下水に溶けやすく、岩盤の亀裂に地下水が流れ込むと亀裂が大きくなり、地表の裂け目（裂罅）や洞窟が発達する。雨が降ると水が土砂とともに流れ込み、場合によっては動物などの死骸も流れ込み、裂け目や洞窟でたまって堆積物をつくる。こうした場所は特に動物の骨が保存されやすく（日本はたいてい酸性土壌で骨が溶解しやすいが、石灰岩地帯では地下水が酸性にならず骨が溶解しない）、さまざまな動物の骨化石が残る特別な場所となる。葛生の石灰岩からもバイソンやオオツノジカなど多数の化石が発見され、葛生化石館で展示されている。葛生原人とされた人骨も、こうした石灰岩中の洞窟堆積物からサルやクマの骨とともに発見されたため、同時代に生存していた「原人」とみなされたのだろう。

葛生の洞窟中から発見された脊椎動物の骨の化石
（葛生化石館：所有（株）東京石灰工業）

⑬ 宇津野洞窟の鍾乳石

ゴールの「葛生」駅はもうすぐだ。ここからすぐ先にある天神橋を渡り、葛生本町の交差点を右に曲がると、「葛生」駅が見えてくる。ウォーキングに化石観察や採集の時間を加えても明るいうちに戻ってこられる、とても快適で楽しいコースだ。

少し足を延ばすなら、車があれば市街北西の宇津野《うつの》洞窟（写真⑬）に行けば、小規模ながら鍾乳石が成長している洞窟を見学できる。さらに北方の羽鶴峠（写真⑭）もおすすめだ。ここからは目前に広がる三峰鉱山を一望できる。その光景は圧巻の一言。山肌は階段状に削り取られ、スロープを行き来するダンプカーが本当に小さく見える。葛生は今も石灰鉱山で栄え、今も日本の社会基盤を支えていることが実感できるだろう。

⑭ 羽鶴峠からの景観（三峰鉱山）

梅田 ★★☆

フズリナ、ウミユリ、腕足類、サンゴ、ウニ、三葉虫、サメの歯
産地名：群馬県桐生市梅田町

化石を含む前期ペルム紀の石灰岩や凝灰質砂岩、蛇留淵《じゃるぶち》洞、ポットホール

JR 両毛線「桐生《きりゅう》」駅 → 梅田ふるさとセンター前 → 蛇留淵 → 高仁田《たかにた》橋 → 高仁田沢 → 岩萱沢《いわかやのさわ》 → 蛇留淵洞 → 梅田ふるさとセンター前 → 梅田ふるさとセンター前 → JR「桐生」駅

桐生川源流林（林野庁・水源の森百選）、みどり市大間々博物館（コノドント館）、群馬県立ぐんま昆虫の森、小平《おだいら》鍾乳洞

スタートはJR両毛線「桐《き》生《りゅう》」駅。その開業は、明治21年（1888）と古く、現在はJR両毛線とわたらせ渓谷鐵道わたらせ渓谷線が乗り入れている。この駅の北口（写真❶）から出て、桐生市のコミュニティバスである、おりひめバスの梅田線に乗車しよう。東武桐生線の「新桐生」駅からスタートすることも可能だが、バスで「桐生」駅まで来て梅田線のバスに乗り換える必要がある。いずれにしても、どちらのバスも本数が少ないので、事前に電車の時間とともに調べておいたほうがよい。

上❶　JR「桐生」駅
下❷　梅田ふるさとセンター。帰りに寄って、お土産を探してみては？

話を梅田線のバスに戻そう。梅田線の終点は「梅田ふるさとセンター」で、「桐生」駅からはだいたい30分ちょっとかかり、そこからは歩いていくことになる。バスは、群馬大学工学部や県立桐生女子高校の横を通り過ぎて進んでいき、左右に見える山並みがどんどん近づいてくるのがわかる。桐生女子高校を過ぎ、少し先にある観音橋のバス停付近から桐生川ダム手前の二渡神社のあたりまでは、およそ5～6万年前には古梅田湖と呼ばれる湖があったことがわかっている。バスが走る県道のそばにも、この湖でたまった地層が残っている。そして、左右の山並みがすぐそばまで近づいてくると目的地も近い。

やがてバスは終点である「梅田ふるさとセンター」に到着する（写真❷）。

上❸ 岩萱沢入口の露頭
下❹ 岩萱沢入口

まずはじめに帰りのバスの時間を確認しておこう。この先にトイレはないので、必ずこのふるさとセンターで済ませておくこと。トイレを済ませたら、そのままさらに桐生川の上流を目指して県道を歩く。車もよく通る道なので、注意しよう。この桐生川流域の森は、桐生川源流林と呼ばれていて、林野庁の水源の森百選の１つにも選ばれている。そのため、秋の休みの日になると、この梅田周辺はもみじ狩りの人で賑わう。一方、冬には山の奥でイノシシなどの狩猟が行われている。猟期はだいたい 11 月中頃から３月くらいまでで、それこそ露頭そのものが凍っていることもあるが、どうしてもこの時期に訪れる時には目立つ色の服を着るなど注意が必要だ。

道は、ふるさとセンターを出てからすぐに橋を渡るので、桐生川の右岸側を進むことになるが、そこから 800 m ほど歩いたところで、再び橋を渡るので、県道が川の左岸側になる。この橋の少し上流にある淵が、蛇留淵《じゃるぶち》だ。この辺りには、中生代ジュラ紀に大陸に付加した足尾帯《あしおたい》が分布していて、その一部である砂岩やチャートを見ることができる。少し上流に行くと、そうした硬い岩が水の力によって削られてできたポットホールも確認されている。

蛇留淵からさらに 500 m ほど道を歩いていくと、高仁田《たかにた》橋という小さな橋

❺ 前期ペルム紀の化石を含む石灰岩と凝灰質砂岩の露頭

が川に架かっているのがわかる。そして橋を渡ると、桐生川の右岸の奥に向かって高仁田沢沿いに林道が延びている。この道をそのまま 10 分ほど上っていくと、道路の右側に露頭（写真❸）があり、その手前に右に向かって延びる沢（岩萱沢《いわかやさわ》：写真❹）が見える。この露頭の道路に近いところには穴があいていて、これは林道を造った時に見つかった洞穴で、蛇留淵洞という。

古生代の化石が見つかるのは、この沢の上流。洞穴は沢から降りてきてから見学することにして、まずは、この洞穴の右側にある岩萱沢を 15 ～ 20 分のぼる。少し急な沢だが、道が整備されているので、いくぶん楽であろう。のぼるのが少しきつい人はゆっくりのぼっていこう。

なお、この辺りの林は植林され、管理されている杉林なので、沢の上り下りの時はもちろん、あとで化石を探す時も立木は絶対に傷つけてはいけない。

こうして、山道を 600 m ほど進むと、杉林の左手の奥に露頭が見えてくる（写真❺）。これがペルム紀の化石を含む露頭である。露頭は落石の危険があるので、化石を探す時はできるだけ露頭の下に落ちている転石を観察し、露頭に近づくことはなるべく避けたほうがよい。また、露頭のまわりの杉林には、ビ

上❻ パラフズリナの産状
（スケールは 10 mm）
下❼ ウミユリ類の茎
（スケールは 10 mm）

ニールひもが張られている。これは、地元の社会教育施設などが観察会を行う時に安全のために張ってあるものである。化石はこの範囲の中で探すことにしよう。また、この露頭は、たくさんの人が地層の観察や化石探しにやって来るので、化石採取は最小限にとどめよう。小さな転石からでも三葉虫の化石が見つかることがある（筆者の目の前で知人が見つけたことも）。

石灰岩はそれなりに硬いので、うまく割るにはコツがいる。まずは風化面を見て、化石があるかどうかを確認し、なさそうなら割ってみるようにしよう。凝灰質砂岩は、鉱物の脈なども入っているが、風化面にある腕足動物などの殻《から》が溶けて抜けたあとを探し出せると、それに沿った方向に叩くと少し割れやすくなる。ルーペを持っていくと、小さな化石も探しやすいだろう。さて、この露頭に由来する石灰岩と凝灰質砂岩からは、古生代ペルム紀前期の浅くて暖かい海にいた生物の化石がたくさん見つかっている。いちばんたくさん見つかるのは、フズリナの仲間（写真❻）。ここで見つかっているのは、パラフズリナ属の一種で、栃木県葛生(p.28 ～ 35)で見つかるものと同じ種類である。うまく風化して米粒のように見えるものは少ないが、断面の渦を巻いた模様や殻が溶けてしまった抜けあとはよく見つかる。この種類から、梅田の化石がペルム紀前期のものであることがわかる。

❽ エオリットニア・キリュウエンシス（正基準標本、スケールは10 mm）

その次に見つかるのは棘皮《きょくひ》動物の一種であるウミユリの仲間の茎（写真❼）である。方解石化した丸い断面や、きれいな関節面が見えるもののほか、よく探すと茎がつながったものもある。ただし種類の決め手となる萼《がく》の化石は見つかっていない。そのほかに棘皮動物では、ウニの仲間の破片も時々見つかっている。

腕足動物の化石もたくさん見つかっている。完全なものを採るにはコツがいるが、転石からでも小型の種類や大型の種類の破片が見つかることがある。密集して殻の断面が見えるものもある。ここから見つかった腕足動物は、最近研究論文が発表され、8 種が記載された。8 種の中には 3 種類の新種が入っているが、その代表といえるのが、エオリットニア·キリュウエンシス(写真❽)。エオリットニアは、その形から魚の化石に間違われたこともあるレプトダスの仲間で、魚の背骨と肋骨のようにも見える構造が特徴である。こうした梅田で

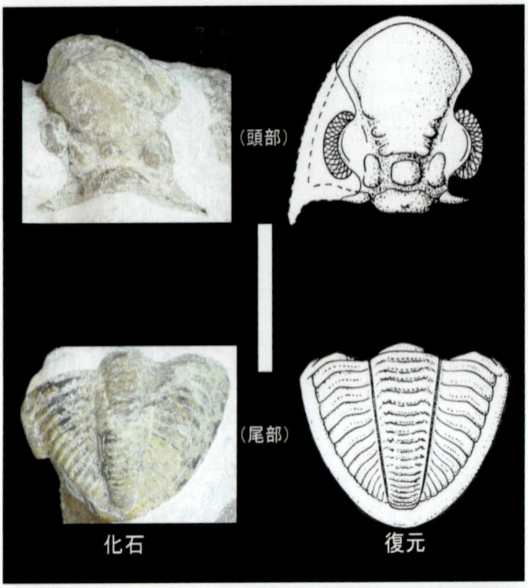

❾ 三葉虫・シュードフィリップシア・キリュウエンシス（基準標本）。復元図は Kobayashi & Hamada（1984）による（スケールは 10 mm）
❿ 四射サンゴ・ヤツェンギア（スケールは 10 mm）

見つかる腕足動物たちを世界各地の同じ時代の腕足動物と比べてみると、アメリカ・テキサス州で見つかっている化石と種類の構成がよく似ていることがわかった。つまり、ペルム紀当時の足尾山地は、赤道に近い熱帯の大洋のど真ん中にあり、しかも今のアジアよりも、むしろアメリカのほうに近い場所にあったと考えられる。

そして、古生代を代表する動物である三葉虫は、シュードフィリップシア属のものが 2 種類見つかっている。そのうち 1 種には、梅田がある桐生に因んで、シュードフィリップシア・キリュウエンシスという学名が付けられている（写真❾）。残念ながら、完全体の化石はほとんど見つかっておらず、これまでに知られている化石の大部分は、尾部や胸部である。頭部も見つかっているが、頭の左右にあるトゲの部分が丸ごとはずれていることが多く、多少なりとも変形をしているので、

⑪ 蛇留淵洞の入口。中はホールになっている

慣れてこないと、それが三葉虫の頭部であることはわかりづらいかもしれない。

このほかには、梅田の石灰岩などがサンゴ礁であったことの証拠として、ペルム紀末で絶滅したサンゴの仲間である四射サンゴのヤツェンギア（写真⑩）が報告されている。風化面にサンゴがもつ放射状の隔壁のある丸い模様があるかどうか、探してみよう。そして最近では、古生代に栄えたサメの一種クテナカントゥス類の歯も報告されている。

それでは、そろそろ帰り支度をすることにしよう。

化石はうまく見つかっただろうか？　たぶん、フズリナとウミユリは探せたのではないかと思う。ひょっとしたら三葉虫を探し出せたラッキーな人もいるかもしれない。見つけた化石は新聞紙などで包んで、バッグに入れて持ち帰ろう。おそらく、泥が着いている石もあると思うので、そうした石は、家に着いてから、水で洗うとよいだろう。

帰り道は下りなので、上りに比べたら楽である。しかし、雨のあとだと土のところがかなり滑りやすくなっているので、注意しながら 1 歩ずつ確実に下っていこう。

沢から出てきたら、バッグをいったん道の端において、先ほどの鍾乳洞（写真③⑪）を観察してみよう。

上⑫ コノドント館（みどり市大間々博物館）
下⑬ コノドント館のゆるキャラの一つコノコちゃん。ドントくんは自分の目で確かめよう

この蛇留淵洞は、高仁田沢の河床からおよそ12 m の高さにあって、北東方向に向かって延びている。奥行きは17 m、幅は10 m ほどである。洞穴の奥側に向かって右側が石灰岩、左側が粘板岩でできているので、この違いが洞穴の形成に関係していると考えられている。中にたまった砂や泥などの堆積物（p.34 参照）からは、ニホンジカやニホンザル、ネズミの仲間などの動物の骨が報告されている。

洞穴観察が終わったら、今度こそ梅田のふるさとセンターに出発である。採取した重たい石が肩にくい込むかもしれないが、車に注意しながら歩いていこう。

ちなみに、「桐生」駅でわたらせ渓谷線に乗り換え、4つめの「大間々《おおまま》」駅か

⓮ 群馬県立ぐんま昆虫の森

ら5分ほど歩いたところに、「コノドント館」と呼ばれるみどり市大間々博物館（写真⓬）がある。コノドントとは、もちろんあの古生物のコノドントのことである。日本初のコノドントは、別々の研究者と研究チームが昭和33年（1958）にそれぞれ独自に発見しているが、そのうちの前者がこの大間々の出身で高校の教員だった林信悟氏であり、館の愛称は、林氏の発見を称えたものである。館は、大正10年（1921）に建築された旧大間々銀行の本店営業所を改装したもので、建物自体が近代化遺産となっている。1階の自然展示室には赤城山東南麓や足尾山地の自然が紹介されていて、コノドントや梅田産の化石など地質や古生物に関する展示が豊富である。また夏の企画展でもよく化石や恐竜をテーマとして取り上げたり、館にはコノドントをモチーフにした「ゆるキャラ」（写真⓭）もいる。

さらに昆虫にも興味や関心をもっている人だったら「ぐんま昆虫の森（写真⓮）」にも足を延ばしてみるのもよい。「新桐生」駅まで行き、そこで東武桐生線に乗って「赤城」駅まで行き、駅から3キロほどのところにそれはある。昆虫に関する映像や里山にいる昆虫の生態など、さまざまな展示のほか、現地で参加できるプログラム活動が豊富である。

吉井 ★★☆

二枚貝、巻貝、ツノガイ、植物、有孔虫、クジラ、サメの歯
産地名：群馬県高崎市吉井町

化石を含む中期中新世後期〜後期中新世前期の安中層群原市層の泥岩、
鏑川がつくった河岸段丘

上信電鉄「馬庭《まにわ》」駅 → 吉井運動公園 → 鏑川河床 → 多胡碑《たごい》記念館 →
上信電鉄「馬庭」駅（もしくは「吉井」駅）

吉井郷土資料館、下仁田ジオパーク、群馬県立自然史博物館、
富岡製糸場

上❶　上信電鉄「馬庭」駅
下❷　入野橋から見た鏑川（下流側）。地層の走向が河道に対して斜めの方向なのがわかる

このルートのスタートは、上信電鉄の「馬庭《まにわ》」駅になる（写真❶）。「馬庭」駅までは、「高崎」駅から 20 分ほどかかる。ここから、直線距離で 900 m ほどの吉井運動公園を目指して、歩いていこう。途中に鏑川《かぶらがわ》があるので、少し遠回りをしていくと、20 分ほどで現地に到着する。

風情のある駅舎を出て左に向かい、左に郵便局がある突き当たりの T 字路を左に曲がって、駅の南側にある入野橋のほうに歩いていく。入野橋付近の河床にも地層が見えている（写真❷）。これらは、後期中新世のはじめの地層で安中層群板鼻層《あんなかそうぐんいたはなそう》と呼ばれている。今回観察しようとする地層の 1 つ上にある層で、この群馬県南西部で見られる最も新しい海にたまった地層である。このあたりから富岡市西部の南蛇井《なんじゃい》付近までは、だいたい鏑川を上流に遡《さかのぼ》っていくほど時間も遡って、より古い中新世の地層が見られるように地層が分布している。入野橋を渡ったところに「関東ふれあいの道」という看板が出ているので、この小道を歩いていこう。左手前方には鏑川がつくった段丘面が見られる。小道をしばらく歩くと Y 字路で車道と合流する（写真❸）。段丘面の端の所には、凝灰質シルト岩などからなる地層が見られる。道なりに進んでいくと再び T 字路になる。「運動公園」の看板にしたがって右に曲がり、上信電鉄の線路をく

上❸ 関東ふれあいの道が車道と合流する所。青い車が止まっているあたりで地層が見られる
下❹ 吉井運動公園（入ってすぐの駐車場から見た所）

ぐってさらに１kmほど道なりに進むと、三たびＴ字路にぶつかる。ここでも右に曲がり、「総合運動公園」に向かい、しばらく歩いていくと、目の前に大きな公園が飛び込んでくる。これが吉井運動公園である（写真❹）。

車に気をつけながら道路を渡って運動公園に入ってみよう。道なりに進むと、ちょうどトイレがあるので、ひと休みしてもよい。鏑川にたどり着くには、野球場を右に見ながら、まっすぐ川原のほうに歩いていく。道の突き当たりを右に曲がると、すぐに「飛び石利用上注意」という看板が目に入る。ここには鏑川の中に人工の飛び石が設置されていて、それを使って対岸に渡ることができる。ここを降りていき、川を渡ろうとするところで、下流に目を向けてみよう。目の前には、黄褐色をした地層が広がっていることだろう（写真❺）。

これが化石を含んでいる地層である。以前に比べて露出状況はよくないが、鏑川の河床や川岸に露出しているのがわかる。これは安中層群原市《はらいち》層という地層で、この場所の南東にある藤岡市から北側の岩野谷《いわのや》丘陵、さらにその向こうにある安中市の碓氷川《うすいがわ》やその北側の九十九川《つくもかわ》でも分布が知られている。約1130万～1430万年前に当時の深い海（水深200m以深）にたまってで

❺ 河床に見られる安中層群原市層

きた地層なので、この場所の標高から考えると、ここでは少なく見積もっても 300 m 以上は地層が隆起したと考えられる。今回地層を観察する場所は河床と川原なので、大雨の直後や水量が多い季節だと化石の観察や採取はかなり困難である。比較的見やすいのは冬から春にかけての時期だと思われるが、水量の減り方は年によって差がある。また、護岸工事などのために鏑川の河道も少しずつ変わっていくために、地層が露出している場所がこの周辺の別の所に変わって

❻ 貝化石の破片が地層の中で密集している部分

❼ 泥岩の表面に露出していたツノガイの化石

しまう可能性もある。いずれにしても、長靴を持っていく（履いていく？）ことをおすすめしたい。

かつて、このあたりの河床では、潮干狩りのように貝化石を採ることができたとも聞いたことがある。当時採集された標本の中には、貝化石が密集してカチカチになったものもあり、部分的に石灰質のコンクリーションを形作っていたようである。今でも時々、ほんのわずかな密集で、その名残を見られるが（写真❻）、昔の様子を知っている人にいわせると、比べものにならないほど少ないそうだ。こうした密集部では殻はあまり変形していない。

一方、石灰質コンクリーションの周りにある泥岩の中からも、ツノガイなどの貝化石が見つかっている（写真❼）。この泥岩はすぐにボロボロになるので、化石を掘り出す時には接着剤で固めながら取り出すなど注意が必要である。また、殻がつぶれているものも多いようである。

化石の密集部からよく見つかる貝の種類は、オウナガイ（写真❽の1）、トクナガキヌタレガイ（写真❽の2）、ツキガイモドキ（写真❽の3）、エゾボラ

❽ 吉井町の鏑川河床の原市層からよく見つかる貝化石

の仲間（写真❽の4）がほとんどで、それ以外の貝類はほとんど含まれていないが、その周囲のボロボロになる泥岩からはそれ以外の貝類も見つかる。また、この泥岩には時々、魚の鱗が入っていたり、ごくまれにサメの歯なども見つかることもある。

❾ 原市層の中に入っている、大型ノジュールの１つ。長さは１ｍ近い

さて、ここの原市層の地層の様子を観察していくと、表面が褐色を帯び、硬くて大型でヘンな形をしたノジュールが地層の中にたくさん入っている部分があるのがわかる。なかには、恐竜かマンモスの大腿骨《だいたいこつ》のような形になっているもの（写真❾）もある。

化石採集のことが書かれている本を読むと、「ノジュールの中には、その核となった化石が入っていることが多いので割ってみるとよい……」と書かれているものが多いが、この川原にある大型ノジュールの中には、ほとんど化石が入っていない。これらのノジュールの成因については、よくわかっていない。しかし、すぐそばからオウナガイやツキガイモドキ、キヌタレガイなどが密集して見つかることから、当時この周辺では海底の下からいろいろな成分を含む地下水がわき出していた可能性が高く、それがノジュールの形成に関係しているのでは……と私はにらんでいて、今後研究を進めていく必要があるだろう。

かといって、すべてのノジュールが化石の入っていないハズレのノジュールであるとは限らない。とても稀だが、化石を含んだノジュールも入っている。そうしたノジュールの１つから見つかったのが、ヒゲクジラの仲間であるジョウモウケタス・シミズアイである（写真❿）。

群馬県立自然史博物館の木村敏之と長谷川善和の両氏によって研究された結果、かなりよい状態で残っていた頭骨に見られる特徴から、新属新種であることがわかった。属名のジョウモウは、群馬地域を指す古い地名「上毛」、ケタ

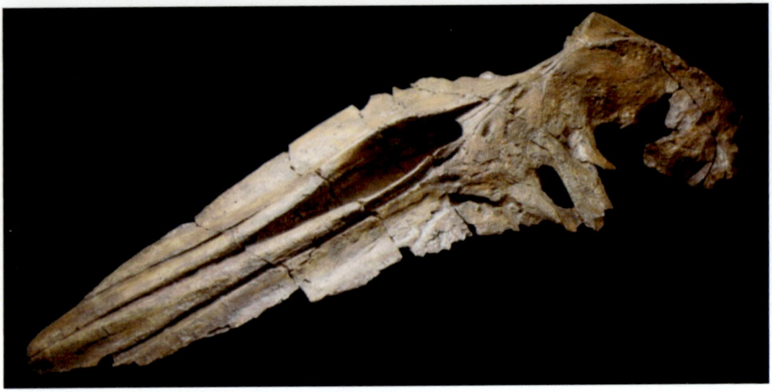

❿ ジョウモウケタスの頭骨（撮影：木村敏之）

スはクジラという意味である。そして種名は発見者で桐生市在住の清水勝氏に因んだものになっている。

ちなみに、鏑川にかかる多胡《たご》橋下流のこの周辺一帯からは、これまでにもクジラの仲間の化石がたくさん見つかっている。ちょうどジョウモウケタスの発見と相前後して、頭部を含むハクジラ類の部分骨格も見つかっていて、現在その研究が進められている。

この運動公園の南側の段丘の上の面には、奈良時代の和銅４年（711）に建立されたとされる日本三古碑の１つ、多胡碑《たごひ》とその関連資料が集められた多胡碑記念館（写真⓫）があるので、立ち寄ってみよう。多胡碑に使われている石材は、地元の旧吉井町の南部で採れる多胡石《たごいし》(牛伏砂岩《うしぶせさがん》、天引石《あまひきいし》ともいう）である。多胡石は、富岡層群牛伏層という前期中新世のおわり（約 1600 万年前）に堆積した地層のアルコーズ砂岩の部分を石材として利用したものである。多胡碑そのものは、保管庫の外からしか見られない。しかし、多胡碑記念館の東側にある南高原１号古墳で、この石の模様や特徴がよくわかる所がある（写真⓬)。

牛伏層は、つい最近まで浅い海にたまったものだと考えられていたものの、大型生物の化石がほとんど見つかっていなかった。しかし、群馬県立自然史博物館にいた田中源吾氏や地元の吉井郷土資料館（「吉井」駅のそばにある）の方々による、露頭や地層の堆積構造、微化石などの調査から、浅い海にたまった砂や泥が深海に流れ込んで堆積したものであることがわかった。記念館を見学したら、「馬庭」駅まで戻って帰路につく。先ほどの吉井郷土資料館に立ち寄るのならば、資料館経由で「吉井」駅まで歩いていこう。

上⑪ 多胡碑記念館（南東から見た所）
下⑫ 多胡石に見られる美しい模様

ちょっと足を延ばす時間があるようならば、下仁田ジオパークに行ってみてはどうだろうか。

「馬庭」駅まで戻って、そこから 40 分程度で上信電鉄の終着駅である「下仁《しもに》田《た》」駅に到着する。いくつかあるジオサイトの中でも、川井の断層（中央構造線の一部）と下仁田層、青岩《あおいわ》公園の結晶片岩《けっしょうへんがん》類は、いずれも駅から歩いて 10 分程度の近さの所にある。駅には案内看板があり、先ほど挙げた 3 つのジオサイトでは、説明の看板が設置されていて、無料の解説シート持ってかえることができる。下仁田層は、前期中新世はじめ（牛伏層より少し古い）の海にたまった地層で、チカノビッチイガイやシラトリガイの仲間などの貝類、カニ、植物などの化石が報告されている。

また、下仁田までの道のりの約半分の所にある富岡市には、群馬県立自然史博物館がある。博物館は、富岡市北部の安中市との境界に近く、車が使えない人には少し不便だが、「上州富岡」駅と「上州一ノ宮」駅には、レンタサイクルがある。行きは長めの上り坂になり、駅からは 20 分程度かかる。この博物館には、トリケラトプスやカマラサウルスなどの恐竜だけでなく、地元の群馬産の化石も展示されている。また有名な富岡製糸場は「上州富岡」駅が最寄り駅である。

ひたちなか ★★☆

アンモナイト、ウニ、二枚貝
産地名：茨城県ひたちなか市平磯町

白亜紀層

ひたちなか海浜鉄道湊線「平磯」駅 → 平磯層 → ジオパーク → 清浄石 → 逆転した地層 → ひたちなか海浜鉄道湊線「磯崎」駅

アクアワールド茨城県大洗水族館、那珂湊《なかみなと》おさかな市場、国営ひたち海浜公園

上❶ 那珂湊おさかな市場
下❷ アクアワールド茨城県大洗水族館

このコースで使用するひたちなか海浜鉄道湊《みなと》線は、JR常磐線と接続する「勝田《かつた》」駅から「阿字ヶ浦《あじがうら》」駅までの9駅、14.3 kmを約26分で結ぶ鉄道である。沿線には見所がたくさんある。

「那珂湊《なかみなと》」駅の近くには那珂湊おさかな市場がある（写真❶）。ここには新鮮な海の幸を販売する店や料理屋が軒を連ねている。また、この駅からバスに乗り10分弱でアクアワールド茨城県大洗水族館に行くことができる（写真❷）。日本最大のマンボウの水槽やサメの種類日本一など、国内屈指の大型水族館だ。さらに、終点の「阿字ケ浦」からバスで10分ほどのところに、国営ひたち海浜公園がある（写真❸）。350ヘクタールの広大な敷地にさまざまなエリアが設けられており、見渡す限りの大草原に咲く花を季節ごとに楽しむことができる。

さて、それでは地層と化石の観察に向かうとしよう。「平磯《ひらいそ》」駅から南東に向かい海沿いの道路に出る。海岸沿いの道路を左折し北に向かう。このあたりは海岸沿いに歩道があり、太平洋を右に見ながら気持ちのよいウォーキングができる（写真❹）。やがて、斜めになった岩礁が海岸に現れてくる（写真❺）。ひたちなかでの地層と化石の観察は潮位の状況で大きく違うので、インターネットなどで事前に調べて、潮位の低い日時を確認しておこう。また、季節的

❸ 国営ひたち海浜公園

❹ 海沿いの歩道

には海藻が少なく潮の引きも大きい夏がおすすめ。海沿いの歩道には所どころ、海岸に降りられる階段がついている（写真❻）。

平磯中学校近くの階段から海岸まで降りてみよう。このあたりは平らな岩礁が広がっており、潮が大きく引いた時には 200 m にわたって露出する（写真❼）。ここで見られる岩礁は那珂湊層群平磯層という地層の泥岩だ。地層の年代は白亜紀の後期である。平磯層は泥岩が多いが、所どころに砂岩の層が見られる。砂岩のほうが波による侵食に強いので、このあたりで大きく突き出ている部分は砂岩だ（写真❽）。

ここからは、これまでにアンモナイト、二枚貝、ウニなどの化石が見つかっている。ただし、天然記念物に指定されているので採集はできない。注意深く観察してみよう。

平磯層からこれまでに発見された中で最も数が多く、観察できる可能性が高いのはアンモナイトである。しかし、平磯層から産するアンモナイトは、ちょっと変わった形のものが多い。一般的な平巻きのものではなく、立体的で巻きがほど

上❺ 海岸にみられる岩礁
下❻ 歩道から海岸に降りる階段

けた形をした種類が見られる（写真⑩⑪）。

また、巻かずにほぼ直線的な種類のアンモナイトも見つかっている。これらのアンモナイトは完全な形で発見されることは稀で、部分的に発見されることが多い。少し赤茶けた縞模様が見えたら要注意だ。ウニの化石はおまんじゅうのような形をしている。こちらも母岩と色が違うことが多い（写真⑨）。表面は四角い板がはり付いたような模様が見られる。

歩道に戻りしばらく進むと、「茨城県北ジオパーク」の看板がある（写真⑫）。ジオパークとは地球科学的に見て貴重な自然遺産を含む自然に親しむための公園だ。この看板を読むことで、この周辺の地層や化石のことがよくわかる。その先、清浄石のあたりを海岸に降りると、地層中に大きい粒が見られるが、観察してみると、上に行くにしたがって徐々に小さい粒になっていることがわかる（写

上⑦ 平磯中学校近くの平磯層（泥岩）
中⑧ 大きく突き出た砂岩の部分
下⑨ 化石は暗灰色の泥岩の中に赤茶色で入っていることが多い

⑩⑪ 平磯層から採集されたアンモナイト（ディディモセラス）、ミュージアムパーク茨城県自然博物館所蔵

真⑬)。土砂崩《くず》れのような状況で地層ができる時、重くて大きいものから沈んでいくことがわかる。このあたりの地層は平磯層の上にある磯合《いそあい》層で、砂岩が多いのが特徴である。この地層からは翼竜やモササウルスの骨片が化石として発見されている。

もうしばらく進むと、傾きが逆方向になっている地層が見られる（写真⑭)。ここの地層は上下が逆転しており、海底で地滑りが起こり、海底に積もっていた砂や泥の層が大きく折り曲げられてできたと考えられている。

ここからは、海とは反対方向に進み「磯崎《いそざき》」駅に向かおう。

上⑫ 茨城県北ジオパークの看板
中⑬ 上に行くにしたがって小さい粒になることがわかる地層
下⑭ 逆転した地層。これまでとは逆の方向に地層が傾いている

かすみがうら★★★

貝（カキ、ホタテなど）
産地名：茨城県かすみがうら市崎浜、歩崎

カキの化石床、成田層、霞ヶ浦、ハス田、かすみがうら市郷土資料館

A コース：JR 常磐線「土浦」駅 → 霞ヶ浦環境科学センター → 崎浜カキ化石床 → 霞ヶ浦湖岸サイクリングコース → 霞ヶ浦環境科学センター → JR「土浦」駅

B コース：JR 常磐線「土浦」駅 →「田伏十字路」バス停 → 歩崎公園ビジターセンター → 歩崎公園 → 歩崎観音 → 郷土資料館 →「田伏十字路」バス停 → JR「土浦」駅

行方市観光物産館こいこい、
観光帆引き船（7 月下旬～ 11 月までの日曜日、要確認）

❶ 霞ヶ浦環境科学センター

【A コース】 スタートはJR常磐線「土浦」駅、駅前から関鉄観光バス「霞ヶ浦環境科学センター」行きに乗る。バスの発着場所は平日と週末・祝祭日で違うので、事前に科学センターのホームページなどで確認しておこう。約30分で終点の霞ヶ浦環境科学センターに到着する（写真❶）。

霞ヶ浦環境科学センターは霞ヶ浦に関する調査・研究を行っている施設だが、展示室には霞ヶ浦の歴史や自然に関する展示があるので、ぜひ入ってみよう。展示室や資料室は入館無料だ。

上❷ ハス田とその先に霞ヶ浦
中❸霞ヶ浦沿いのサイクリングロード
下❹ 化石密集層

ここから歩いて南の方角に向かう。坂道を下っていくと眼下に国内2番目の広さをほこる湖・霞ヶ浦が見えてくる。つきあたりを左折し、この道沿いに歩いて行く。この道路は次第に湖岸に近づいていくが、その間にはハス田が広がっている（写真❷）。このあたりは全国有数のレンコンの産地だ。季節によって状況は変わるが、冬場でも田んぼの中からたくさんのハスの茎が出ているので、すぐにそれとわかる。こうした風景の中を歩くのは、とても気持ちがよいものだ。ちなみにハス田の先の霞ヶ浦湖岸にはサイクリングロードが整備されており、サイクリングにも絶好の場所となっている（写真❸）。霞ヶ浦の周囲を回り、筑波山系まで続く全長35 kmのコースは見応え十分の絶景が続く。

科学センターから約3 km行くと、道路沿いに約70 mにわたって化石密集層がある（写真❹）。化石のほとんどはマガキだが、注意深く観察するとウチムラサキガイやホタテガイのなかまのアズマニシキガイなども見つけることができる（写真❺❻）。マガキは現生種で、私たちがカキフライやカキ鍋で食べるあの「カキ」だ。大部分のカキは横倒しになっており、波や潮の流れに流されたことが推測できるが、よく観察してみると、部分的には地層に対して垂直に入っているカキも見ることができる。カキは前の世代の殻を土台にして次の世代が付着して垂直方向に成長を繰り返す。つまり堆積物の中に立った状態で生息している。この地層中に垂直に入っているマガキの化石は、生きていた当時の状態をあらわしているのだ。この化

上❺ 生きていた姿を示すカキ化石（地層に対して垂直に入っている）
下❻ 中央にみえるのがアズマニシキガイ（ホタテガイのなかま）

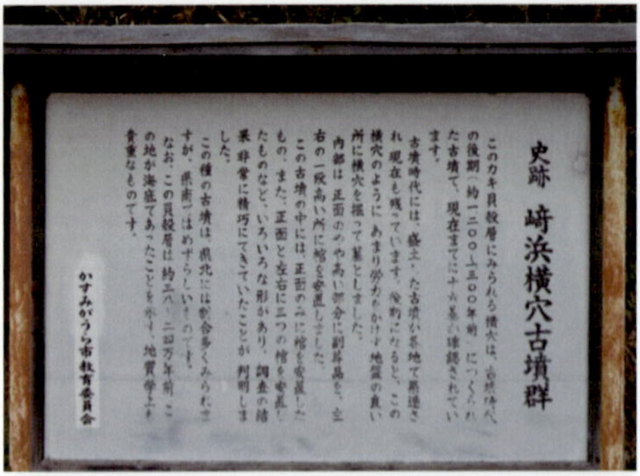

上❼ 崎浜横穴古墳群の看板
下❽ 横穴式古墳

石を含む地層ができたのは、約 12 万年前のことで、温暖化により海水面が上がり、この辺りも海だった時代のことだ。この頃は現在の関東平野のほとんどが海におおわれており、その海にできた地層が関東平野の大地の部分をつくっている。カキの化石層が厚さ 5 m にも達したのは、海面が上昇した温暖な時期に、ほぼそれと同じ速さでカキ礁が上に成長したためと考えられる。

化石密集層の所どころに大きな横穴がある。これらは崎浜横穴古墳群と呼ばれる古墳時代後期（約 1300 年前）につくられた横穴式古墳である（写真❼❽）。このあたりの地層は崩れやすく横穴を掘るには適さないが、カキの化石床は崩れにくく都合がよかったものと考えられる。ここは文化財に指定されているため化石の採集はできない。帰り道は霞ヶ浦沿いの道に出て、大自然を満喫しながらウォーキングを楽しもう。

【B コース】 スタートは JR「土浦」駅、西口からバスに乗り 45 分で「田伏十字路」に到着。南に向かって歩き、約 3 km でお城のような建物の「かすみがうら市郷土資料館」が見えてくる（写真❶）。まずは資料館隣りのビジターセンターに入ってみよう（写真❷）。ここには周辺の見所を紹介するパンフレットやウォーキングコースの地図などが置いてあり、さまざまな情報を得ることができる。ちなみに自家用車で行く場合には、ここと坂を下ってすぐ下の歩崎公園に広い駐車場があるので利用しよう。

さて、ビジターセンターから坂道を下っていくと正面に霞ヶ浦とその手前の歩崎公園が見えてくる。公園の中には小さな淡水魚水族館がある。公園の手前の道を左折し、郵便局の前を通ってしばらく道なりに進むと、歩崎観音参道という看板が見えてくる（写真❸）。参道中段の部分からは階段の両側に地層が見えるようになっている。まず左側の地層を観察しながらのぼって行ってみよう。最初に観察できるのは細かい砂の地層がつくっている波のような模様だ（写真❹）。この地層は、潮の流れのある海でできたものと考えられる。その少し上には、貝の化石が入っている地層が見える（写真❺）。この地層からはタマキガイ、マガキ、アズマニシキガイ、ウチムラサキガイ、マテガイな

上❶ かすみがうら市郷土資料館
中❷ ビジターセンター
下❸ 歩崎観音表参道の看板

上❹ 潮の流れがつくった地層
中❺ 貝化石が白く見える地層
下❻ 地層に見られる縞模様

どが見つかっている。しかし、この場所は観音様の参道だから、化石を掘ることはもちろんできない。もう少し上を見るとカニのなかまの巣穴の化石と思われるものが見える。このような化石を生痕《せいこん》化石と呼ぶ。その上は、泥の層がしばらく続き、所どころに濃い褐色の薄い層が見られるが、この部分は鉄分を含む砂の層になっている。この上には少し粗い砂の層があり、階段の右側の地層を見ると、弧を描いた縞模様が積み重なっている（写真❻）。これはトラフ状斜交層理《しゃこうそうり》と呼ばれるもので、潮の流れに変化のある場所でできた地層だ。なお、泥の層と斜交層理の間には、地球が寒くなって海面が低下した時に川によって削られた侵食面がある。階段を上りきった境内には展望台があり、大パノラマを楽しむことができる（写真❼）。本堂横の坂道をのぼっていくと右手に歩崎森林公園、少し先の左手にお抹茶を飲ませてくれる

❼ 展望台からの霞ヶ浦の大パノラマ

「あゆみ庵」などがある。その先に進むと正面に郷土資料館が見えてくる。資料館の展示では霞ヶ浦とその周辺の歴史を知ることができる。また、漁網にかかって発見されたというゾウの化石も展示されている。霞ヶ浦周辺ではナウマンゾウの化石が数多く発見されている。ここからは来る時と同じルートで田伏十字路のバス停まで戻ろう。

茨城県での化石採集

茨城県内の化石産地は国立や県立の公園、個人の所有地などの条件から個人的に化石の採集を行うことは難しい状況にある。しかし、ミュージアムパーク茨城県自然博物館では化石の採集会や敷地内での貝化石の発掘体験、塩原の原石を用いたクリーニング体験を行っている。ホームページで確認してぜひ参加してみよう。

地蔵堂・藪 ★★☆

貝、腕足類、単体サンゴ
産地名：千葉県木更津市地蔵堂、藪

下総層群の模式地と産出貝化石群（泉谷化石帯、地蔵堂化石帯、藪化石帯）

JR久留里線「馬来田《まくた》」駅 → キクナ電子前 → 宿の露頭 → きみさらずゴルフリンク前 → 真如寺への別れ道 → 泉谷集会所 → 泉谷化石帯 → 真如寺への別れ道 → 圏央道 → 真如寺 → 五郷T字路 → 地蔵堂化石帯 → 五郷T字路 → 藪化石帯 → JR「馬来田」駅

スタートはJR「馬来田《まくた》」駅（写真❶）。「馬来田」駅までは、JR久留里線のほかに、内房線「木更津」駅から、バスも出ている。「馬来田」駅から東に向かって歩く。左手に馬来田中学校、馬来田小学校を過ぎ、15分ほど歩いたキクナ電子のところで右に曲がる。左手奥に大きな宿の露頭が見える（写真❷）。

❶ JR「馬来田」駅

砂層からなる藪層《やぶそう》の上、中、下部の層準からそれぞれ特徴ある貝化石群を産している（図1参照）。上部の貝化石群は、寒流系種のエゾタマキガイ、ウバガイ、サラガイ、エゾイソシジミなど殻の厚い二枚貝からなっており、密集して産する。中部の層準はエゾマテガイ、ミゾガイ、イタヤガイ、トウキョウホ

❷ 宿の露頭（藪層）

上❸ 泉谷化石帯の露頭
中❹ 泉谷化石帯のエゾヌノメ
下❺ 泉谷化石帯の説明看板

タテなど、殻の薄い二枚貝が散在している。エゾタマキガイなどの寒流系種も産するが、上部の群集ほどではない。下部の群集はビロードタマキガイ、トウキョウホタテ、バカガイなどからなり、個体数は少ないが暖流系種を産する。

砂層の下には５ｍ以上の厚い泥層《でいそう》があり、ここからはマガキを産している。

この露頭へはキクナ電子の南にあるイチョウ並木の所から入るが、藪がひどく露頭に辿り着くのはたいへんである。また、この場所は私有地であり、勝手に入って化石採集をすることはできない。

しばらく進むと道は東へ向かうようになり、「きみさらずゴルフリンク」の入口を過ぎると、真如寺《しんにょじ》方面への分岐がある。ここをさらに東に進み、10 分ほどで泉谷《いずみやつ》集会所前に到着する。ここから南へ川を渡ってすぐのところが泉谷化石帯の露頭である（写真❸）。道の右手に青灰色の泥層が露出しており、泥層からは湧き水がしたたり落ちている。泥層に近づいて見ると、白い貝化石が含まれているのが観察できる。棲息時の状態を保ったままの合弁の大きな二枚貝が見られるが、これは寒流系種のエゾヌノメである（写真❹）。これらの化石を産する層準は泉谷化石帯と呼ばれており、次に観察する地蔵堂層の下部にあたる。この泉谷、地蔵堂、藪の 3 地域は千葉県が自然環境保全地域に指定しており、化石の採集はできない（写真❺）。

来た道を戻り、真如寺へ向かう分岐を北に進む。分岐のすぐ東の小さな露頭には地蔵堂層上部の細粒砂層《さいりゅうさそう》が露出しており、貝化石は産出しないが、岩相の観察にはよい。この先左側には圏央道建設に伴う大露頭があり、露頭の中部には地蔵堂層上部あたる砂層に貝化石を散在しているのがわかる（写真❻）。トウキョウホタテ、バカガイ、エゾタマガイなどが含まれている。

圏央道をくぐるトンネルを過ぎ、真如寺を左手に見ながら下ると、10 分ほどで五郷《ごごう》の T 字路に着く。ここを右折して、東の地蔵堂方面に進む。15 分ほどで、地蔵堂化石帯の見られる露頭に到着する。この場所は大雨による崖崩れで土砂が道路に流出するので、擁護壁をつくることになったが、地蔵堂層の模式地で

上❻ 圏央道工事中の大露頭（地蔵堂層上部）
下❼ 地蔵堂化石帯の露頭

❽ 地蔵堂化石帯の法面覆工の説明板

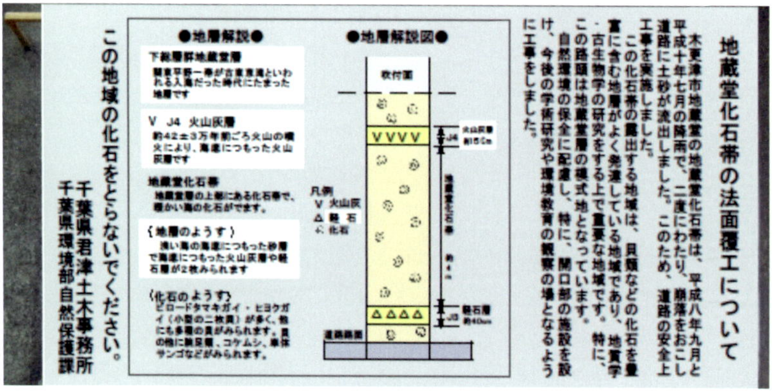

地蔵堂化石帯から産する貝化石など

上❾ 地蔵堂・藪化石帯の説明板
中❿ 地蔵堂化石帯の産状
下⓫ 地蔵堂化石帯から産する貝化石など

あるため、一部露頭を観察できるようにした工事が行われた（写真❼❽）。

地蔵堂化石帯は厚さ４ｍほどのところにヒヨクガイ、ビロードタマキガイ、イモガイ類など、暖流系の貝化石が密集して産し、腕足類や単体サンゴなども産しており（写真❽❾❿⓫）、亜熱帯的な古水温であったと考えられている。また、ここには特徴ある２枚の火山灰層（J3、J4）を挟んでおり、地蔵堂層の対比に役立っている。

今来た道を西へ戻り、五郷のＴ字路も曲がらずに北西の藪方面に進む。武田川を渡る手前の細い道を北へ道なりに進むと、道路脇に自然環境保全地域であることを示す緑色に塗られたコンクリートの杭が見られ、やがて藪化石帯の露頭に到着する（写真⓬）。

藪化石帯の説明板のあるところの後ろに小さな露頭があり、貝化石を含んだ砂層が見られる。藪層の中上部の層準で、エゾタマキガイやトウキョウホタテが含まれていた。

地蔵堂化石帯からは暖流系貝化石群を、藪化石帯からは寒流系種を産するので、以前は地蔵堂層は間氷期の、藪層は氷期の堆積物と考えられたこともあったが、今ではともに間氷期の堆積物と考えられている。地蔵堂層も藪層も下部の泥層や砂層下部からは寒流系貝化石が産し、砂層中部には暖流系種が多く、砂層上部ではまた寒流系種が優勢になるという特徴がある。これらのことは、藪層の上に重なる上泉層でも同様であり、氷河性海面変動の結果と解釈されている（**図 1**）。

⓬ 藪化石帯の説明板

図 1 馬来田地域の下総層群の層序と産出貝化石

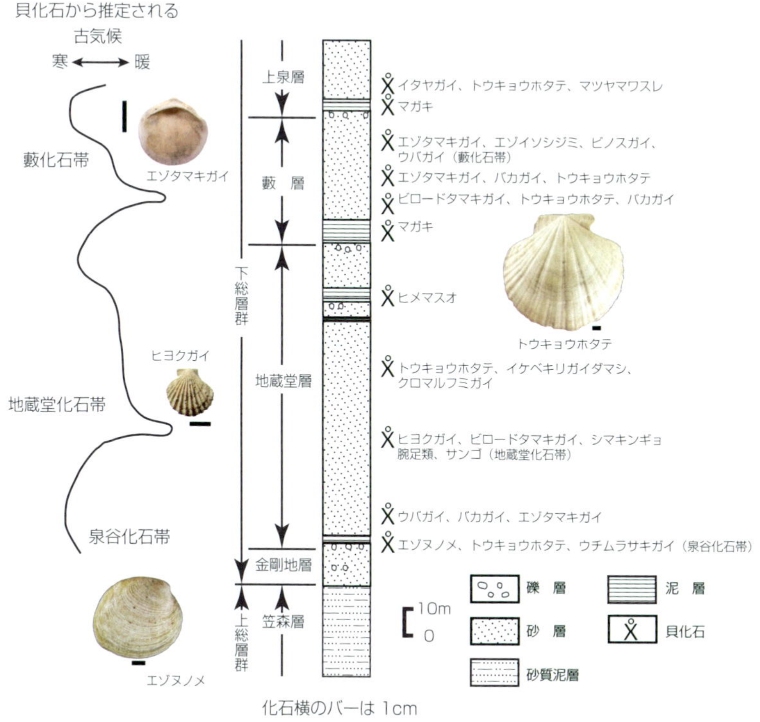

東日笠★★★

貝（タマキガイ、カズウネイタヤ、タカラガイ類、イモガイ類）
産地名：千葉県君津市東日笠

上総層群中部、梅ヶ瀬層の砂層から産する暖流系貝化石、
新生代第四紀更新世（およそ 90 万年前）

JR 内房線「木更津《きさらづ》」駅東口 → 急行「安房鴨川行き」バス →
「清和中」バス停 → 東日笠交差点 → 追込台 → 三秋橋 → 小糸川
＊川に入るので濡れてもよい服装が必要

スタートはJR内房線「木更津《きさらづ》」駅。東口のバス停3番から、「安房鴨川行き」のバスに乗る。バスの本数は1日に5本と少ないので、行き帰りとも事前に発車時間を確かめておく必要がある。なお、東京方面から木更津までは、JR線以外に東京湾アクアラインを経由する高速バスが「品川」駅や「東京」駅から出ているので、これを利用すると便利である。

バスはかずさアーク（会議施設・ホテルが一体となったコンベンションセンター）やDNA研究所を過ぎ、南に向かう。大野台付近では市宿の大規模砂取り場が右手に見られる（写真❶）。東粟倉《ひがしあわぐら》を通り、40分ほどで清和中に到着する。

ここからは、465号線を南に向かって10分ほど歩き、「東日笠」バス停の手前Y字路を南西方向に下り、小糸川方面に進む。清和中にもあったが、途中に追込台などのバス停がある。これらはコミュニティバスの停留所で、時間が合えば利用できる。小糸川にかかる三秋橋の手前、100 mほど南側にある小道から川に降りる。入口はわかりにくいが、カーブミラーがあり、梅の木が沢山植えられているところが目印である（写真❷）。

上❶　大野台付近で見られる砂取場
中❷　川へ下る道の入口
下❸　小糸川東日笠の化石産地

川に降りたところが化石産地で、砂層中に貝化石が密集している（写真❸）。丁寧に探すと、保存のよい貝化石が採集できる。ここは水に入らなくても化石

上❹ 小糸川の中の様子
中❺ 転石中から得られた貝化石
下❻ 沢の流入のところに貝化石が多い

採集ができる。水量の多い時は危険なので、川には近づかない。また、泥岩部分は滑りやすいので注意が必要である。谷の中は両岸とも絶壁で、地層は厚い砂層と薄い泥層の互層からなっており、ゆるく下流側に傾いている（写真❹）。砂層中には貝化石が密集して産する。

左岸の転石のところへは、多少水に入らないと行かれないが、この中に保存のよい化石が多く含まれている。ここからは、アコメガイ、ヒメハラダカラ、カモンダカラ、ホンヒタチオビ、タケノコボタル、ヒラセギンエビス、ビロードタマキガイ、カズウネイタヤ、ツキガイモドキなどの暖流系下部浅海性種が産した(写真❺)。このほか、少々摩滅したバテイラやユキノカサ、キクスズメなど、潮間帯岩礁性種が混入する。ここより上流には大田代層《おおただいそう》（高溝層《たかみぞそう》）の泥層が厚く露出しており、ここからは貝化石をほとんど産しない。川の中を下流に向かって歩くと、川底のあちこちの砂層に貝化石が含まれているのがわかる。通常、水深は 10 ～ 20 cm で、膝より深いところは通らない。川へ降りた地点から 50 m ほど川を下ると左手から小さな沢の流入があり（写真❻）、このあたりの川底一面に化石が密集している。カズウネイタヤ、トウキョウホタテ、タマキガイなどを産する。この場所はかなり固結しており、化石ハンマーだけでなくタガネが必要である。さらに川を下った三秋橋《みあきはし》の下あたりにも化石が密集している（写真❼❽）。三秋橋直下はやや水深の深いところがあるが、ここを過ぎると下流方面に比較的平坦な河原が続く。化石の産出は少なくなるが、タマキガイ、トウキョウホタテ、ビロードタマキガイなどが採集できる。

上❼　三秋橋直下から得られたホクロガイ
下❽　三秋橋直下から得られたタマキガイ

ここまでの産出化石はタカラガイやイモガイなどを含み、すべて梅ヶ瀬層最下部の暖流系群集である。地図には示さなかったが、日の出橋から西に伸びる小糸川の支流を遡ると東日笠層の礫層が不整合で重なっているところが見られる。この礫層中にはエゾタマキガイやウバガイ、エゾタマガイなどからなる寒流系群集が見られる。日の出橋南側の急な崖をのぼると上の道に出られるが、川歩きに慣れていない人は三秋橋直下までにして、もとの道に引き返す。三秋橋（写真❾）西方の道路沿いにも化石産地（写真❿）があるが、ここでは産状

上⑨ 三秋橋
下⑩ 三秋橋西方道路沿いの化石産地

の観察だけで採集はしない。

東日笠からはおよそ200種類の貝化石が知られているが、採集した14種類を基に、古環境を推定してみる。産出した貝化石はトウキョウホタテやカズウネイタヤ以外は現生種なので、その深度分布、緯度分布、底質などをまとめると**図1**のようになる。緯度分布をみると北海道まで分布している種がいくつかあるが、大部分暖流系種である。深度分布および底質では水深0～30mほどに分布するものは岩礁性種が多く、深度50～200mでは底質は砂泥底のものが多い。

東日笠の梅ヶ瀬層最下部の堆積環境は水深50～200mほどの砂泥底のところに浅部から岩礁性種が流れ込んだものと考えられる。水深30～50mに棲息する種類が少なく、暖流系岩礁性のタカラガイ類を含むことにより、南方に島があった環境が推定できる（**図2**）。

図 1 産出貝化石のまとめ

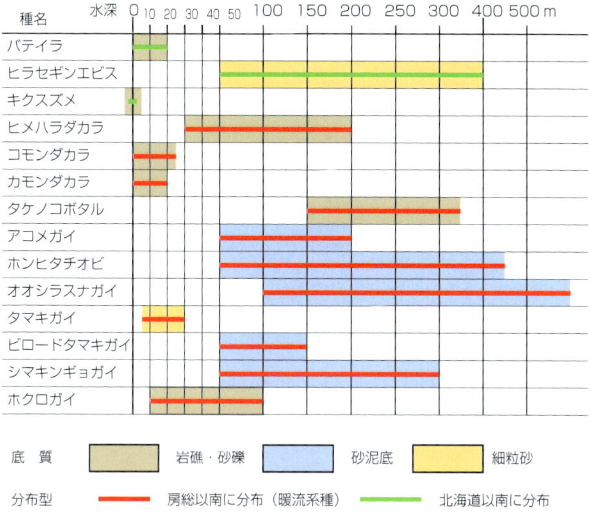

図 2 貝化石から推定した梅ヶ瀬層下部の古地理

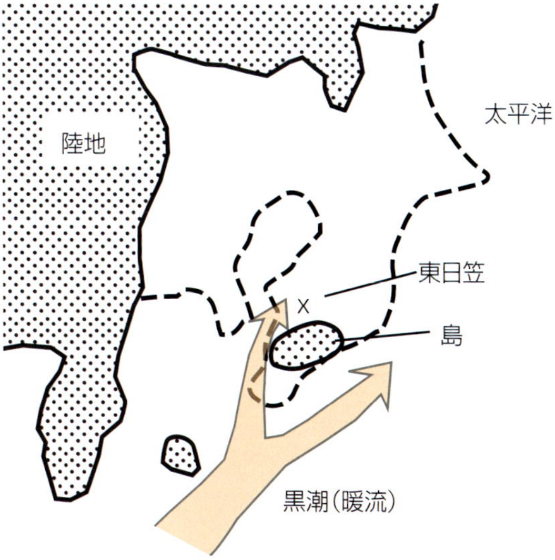

沼 ★★☆

造礁性サンゴ（現生サンゴ）
産地名：千葉県館山市沼

沼のサンゴ（海から 1 km ほど内陸の標高 20 m のところに広がる造礁性のサンゴで、今から 6000 年前の縄文海進の証拠）、
古代珊瑚の泉（沼サンゴ層からの湧き水を汲む井戸）、
沖の島（現生の造礁性サンゴが採集できる）

JR 内房線「館山」駅東口 → ロータリーの花壇 →「城山公園前」バス停 → 石材店→館山小学校前 → 古代珊瑚の泉 → 沼サンゴ層 → 市立博物館 → 城山公園 →「城山公園前」バス停 → 日東バス「館山航空隊」バス停 → 沖の島 →「館山航空隊」バス停 → JR「館山」駅

館山城および市立博物館

左❶ JR「館山」駅東口のロータリー　右❷ 花壇の中の沼サンゴ（マルキクメイシ）

スタートはJR内房線「館山」駅。館山までは、JRのほかに「東京」駅から、アクアラインを利用した高速バスがあり、本数も多く便利である。ただし、日曜祭日などは、交通混雑のため、時間に遅れることがある。

「館山」駅東口にあるロータリーの中に円形の花壇があり、そこに沼サンゴ（直径40 cmほどのマルキクメイシ）が飾られているので（写真❶❷❸）、車に気をつけて見学する。

JRバス1番乗り場から「フラワーパーク行き」か「西岬循環」、または5番乗り場の日東バス「館山航空隊行き」のバスに乗り、10分ほどの「城山公園前」で下車する。バスの進む国道257号線を西に向かって2、3分ほど歩くと石材店があり、道の北側にはさまざまな石材が展示されている。その中に明ら

上❸ 沼サンゴの説明標識
下❹ 石材店の沼サンゴ

かに沼サンゴと思われるものが多数あり（写真❹）、身近でゆっくり観察できるので、お店の仕事の邪魔にならない範囲で見せていただくとよい。

このあと西へ進み、「館山小学校前」バス停のある交差点を左折し、館山小学校の東側をさらに南へ進む。突き当たりのところを少し東に進むと案内板があるので（写真❺）、その案内にしたがって細い道を南に向かって進み、東からの道と合流したのち、さらに西へ進むと「古代珊瑚の泉」がある（写真❻）。井戸の中には幾層にも重なった沼サンゴ層を通して湧き出てきた地下水があり、多くのミネラルを含んでいるといわれている。井戸は建物の中にあるため、普段は見ることができない。

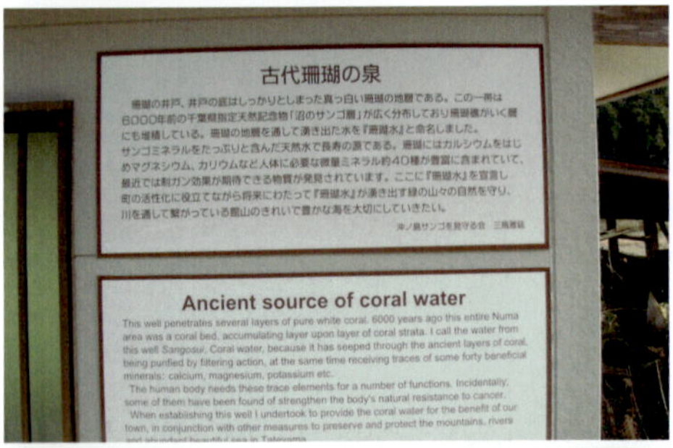

ここより南へ数分歩いたところに溜池があるので、その堤防を渡るとすぐのところに「天然記念物　沼サンゴ層」の石碑（写真❼）と、大きな金網で囲まれたサンゴの展示場がある（写真❽）。金網の中には多数のサンゴが産出状態のまま置かれているが、個々のサンゴに名札は付けられていなかった（写真❾❿⓫）。沼サンゴ層は、海から

上❺ 沼サンゴへの案内板
中❻ 古代珊瑚の泉の説明文
下❼ 天然記念物　沼サンゴ層の石碑

1 km ほど内陸の標高 20 m のところに広がっており、今から 6000 年前の縄文海進《かいしん》の証拠といわれている。当時 20 m もの海水面上昇があったのではなく、大地震による影響で何回か隆起した結果と考えられている。なお、沼サンゴは天然記念物なので採集することはできない。時間に余裕のある時は、城山公園、市立博物館を見学するとよい。館山市立博物館は城山公園内に設立された郷土の歴史と民俗の博物館で、本館ではこの地を支配してきた里見氏をメインに、安房地方の歴史や生活を紹介している。三層四階天守閣

❽ 沼サンゴの保存状態

❾ 沼サンゴ層の説明文

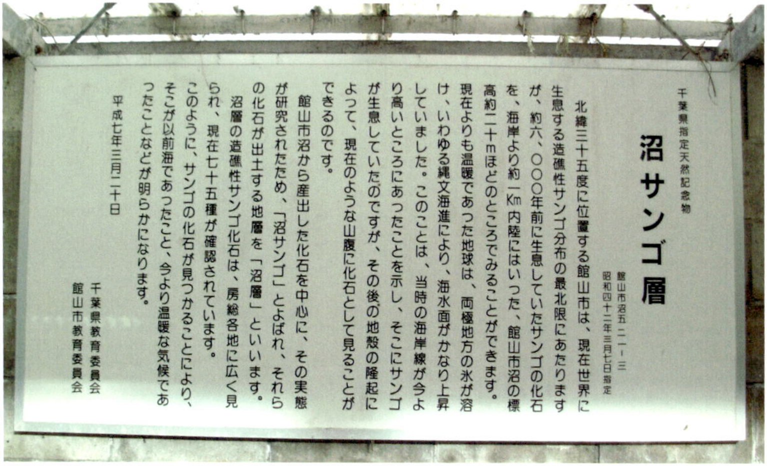
千葉県指定天然記念物
沼 サンゴ層
館山市沼五二一一－三
昭和四十二年三月七日指定
北緯三十五度に位置する館山市は、現在世界に生息する造礁性サンゴ分布の最北限にあたりますが、約六、〇〇〇年前に生息していたサンゴの化石を、海岸より約一Km内陸にはいった、館山市沼の標高約二十mほどのところでみることができます。
現在よりも温暖であった地球は、両極地方の氷が溶け、いわゆる縄文海進により、海水面がかなり上昇していました。このことは、当時の海岸線が今より高いところにあったことを示し、そこにサンゴが生息していたのですが、その後の地殻の隆起によって、現在のような山腹に化石として見ることができるのです。
館山市沼から産出した化石を中心に、その実態が研究されたため、「沼サンゴ」とよばれ、それらの化石が出土する地層を「沼層」といいます。
沼層の造礁性サンゴ化石は、房総各地に広く見られ、現在七十五種が確認されています。
このように、サンゴの化石が見つかることにより、そこが以前海であったこと、今より温暖な気候であったことなどが明らかになります。
平成七年三月二十日
千葉県教育委員会
館山市教育委員会

上⑩ 沼サンゴ（トゲナシハナガタサンゴ）
下⑪ 沼サンゴ（キクメイシ）

形式の分館では（写真⑫）、里見氏を題材にした「南総里見八犬伝」に関する各種資料が展示されている。

館山周辺の海は造礁性サンゴの北限として知られているので、時間が許せば沖の島まで足を延ばし、現生サンゴを採集しよう。城山公園前のバス停から日東バス「館山航空隊」行きのバスに乗り、終点で下車、海上自衛隊館山航空基地の東側を北へ進み、鷹の島公園を過ぎて西へ20分ほど歩くと沖の島である。沖の島手前の砂浜（西側）で現生の造礁性サンゴが採集できる（写真⑬⑭）。帰りは同じく「館山航空隊」バス停から「館山行き」のバスに乗る。

⑫ 城山公園の館山城

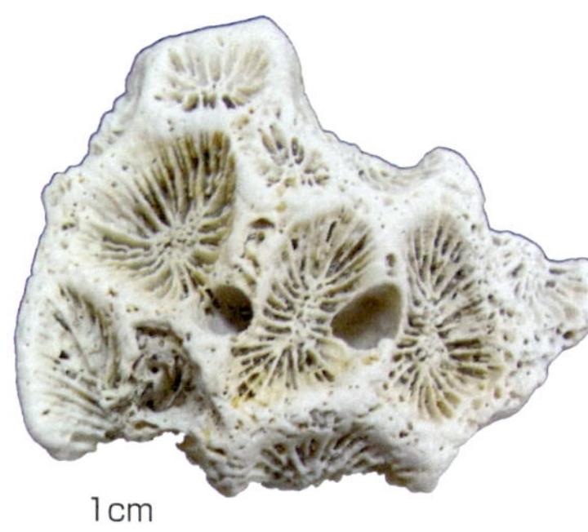

⑬ 現生サンゴ（オカメノコウキクメイシ）

⑭ 現生サンゴ（キクメイシ）

荒川 本田(川本)

★☆☆（タクシー利用）
★★★（すべて歩き）

植物（メタセコイア、フウなどの被子植物）、材化石を含む亜炭層、二枚貝（クルミガイ、サルボウなどの仲間ほか）、原生生物の殻（ミオジプシナ）
産地名：埼玉県深谷市本田（川本）

楊井《やぎい》層、土塩層の平行葉理（河床から河川敷にかけて観察可）、サイの下顎骨化石産地（楊井層）、鹿島古墳群

《徒歩》秩父鉄道「武川《たけかわ》」駅 → 鹿島古墳群 → 深谷市立川本中学校 → 秩父鉄道「武川」駅
《コミュニティバス・タクシー利用》秩父鉄道「武川」駅から「白鳥飛来地・鹿島古墳群入口」バス停下車（コミュニティバスは要事前予約）

埼玉県立川の博物館

❶ 秩父鉄道「武川」駅

❷ 鹿島古墳群入口

スタートは秩父鉄道「武川《たけかわ》」駅（写真❶）。荒川の白鳥飛来地を目指すが、徒歩で約 1 時間。足に自信がない場合はタクシーで白鳥飛来地の駐車場に直接乗りつけるか、コミュニティバスで「白鳥飛来地・鹿島古墳群」を目指す。いずれも 10 分弱の乗車時間になる（写真❷）。

白鳥飛来地の直前にある鹿島古墳群は、荒川中流域の深谷市本田周辺を中心とする河岸段丘上の長さ約 2 km にわたって分布している（写真❸）。56 基の現存する古墳はほとんどが小円墳で、7 世紀初頭から 8 世紀初頭にかけてつくられたものと推定されている。

鹿島古墳群から白鳥飛来地を目指すとすぐにトイレを併設した駐車場があり、そこから河川敷に向かって降りていくことができる（写真❹）。バス停から河川敷までは 10 分ほどをみておくとよい。

上❸ 鹿島古墳群
下❹ 白鳥飛来地入口

❺ 大きな材化石を含む亜炭層

川に出るとまず、河床と対岸の河川敷に「楊井層《やぎいそう》」の地層が平行かつ斜めに河川を横切っているのを見ることができる。楊井層は中新世《ちゅうしんせい》と呼ばれる時代の最も新しい時期（約 1200 万年～ 600 万年前）に堆積した地層で、礫《れき》岩や砂岩からおもに構成され、厚さは 150 m を超えると見られている。この地層の中に厚さ数～ 20 cm 程度の亜炭層が挟まれており、その中に植物化石を数多く見つけることができる。河川敷を歩いていると、亜炭や植物化石を含む層はほかの層に比べて黒っぽいので、一見してわかりやすい（写真❺）。

亜炭層に含まれる植物化石は細かく砕けてしまったものも多いが、根気よく探せばメタセコイア（写真❻）をはじめ、ブナ、カバノキ、ハンノキ、ヤナギ、シデなどの大型の葉化石（写真❼）を見つけることができる。楊井層が堆積した時、この周辺は河川の後背湿地や湖の岸にメタセコイアやハンノキなどが生い茂る湿地林が広がっていたと考えられる。同じくこの場所からサイの下顎《したあご》の骨が発見されていることから、その湿地林の間をサイが歩き回っていたようで

上❻ メタセコイアの葉化石
下❼ 全緑の葉縁をもつ広葉樹の葉化石

❽ 土塩層露頭

ある。

ここから荒川に沿って上流に向かって歩みを進めると（徒歩 5 分）、硬い礫岩層が自然の堤をつくっているところを見ることができる。ここからさらに 15 分ほど上流に向かうと左手の河岸が砂岩の崖になっているところに行き当たる（写真❽）。

これが軟質砂岩層からなる「土塩層《つちしおそう》」で層の厚さは 350 m に達すると考えられている。同じ中新世でも楊井層の下位に位置する。土塩層の下位にある地層との関係はちょっと複雑で、研究者によって見解が分かれるようである。この土塩層からは貝化石が多く見つかるが、その中でも二枚貝が多い。印象化石といって貝殻そのものが失われてしまっているものもあるが（写真❾）、貝殻が砂岩中に保存されているものも見つかる（写真❿）。

❾ 貝の印象化石

具体的にはクルミガイやイモガイなどが発見されたとの報告があるが、実際には貝の正確な分類はとても難しい。「肋《ろく》」と呼ばれる表面の筋や、歯と呼ばれる蝶番《ちょうつがい》のかみ合わせの構造などで区別するので、興味のある方は挑戦してみるとよい。

⑩ 貝殻の保存された貝化石

化石の採集が一段落したら、深谷市立川本中学校の南側の河川敷に寄ってみたい。ここに広がるのは福田層（畠山層とする考えもある）と呼ばれる凝灰岩《ぎょうかいがん》を挟む泥岩主体の地層で、ミオジプシナと呼ばれる有孔虫（殻をもったアメーバ状の原生生物）化石の報告がある。しかし、その化石の大きさは数 mm と小さいため、見つけるのは難しい。そのかわり、大昔に海底地すべりなどで完全に固まっていない地層が折り重なる「スランプ構造」と呼ばれる地質構造を観察することができる。

また、河原を歩いているとさまざまな石を拾うことができるが、河川改修などに伴って外部から持ち込まれないかぎり、河原にある岩石は上流にあったものがそこまで流されてきたと考えるのがふつうである。よく見ると、変成岩と呼ばれる扁平で筋の入った石の割合が多い。これは上流にある長瀞《ながとろ》などの流域が変成岩からできており、それらが川の侵食作用などでここまで流れ着いたのである。そうやって、上流の地質に思いをはせるのも面白いものである。

これらの化石産地からはちょっと距離が離れるが、車で 15 分くらいのところに「埼玉県立川の博物館」がある。ここは川の中でも荒川に特化してその流域の地質・自然・歴史などを展示・解説しているユニークな博物館である。一度は訪れて、ゆっくりと荒川流域の自然を学んでみたい。

荒川　黒谷（蓼沼）★★☆

二枚貝（ソデガイ、ホタテガイなどの仲間ほか）、
甲殻類（カニの仲間）、サメの歯、魚の鱗、生痕など
産地名：埼玉県秩父市大野原

奈倉層の平行葉理《ようり》、和銅遺跡、ようばけ化石産地、おがの化石館

《徒歩》秩父鉄道「和銅黒谷《わどうくろや》」駅 → 国道 140 号北上 → 和銅遺跡入口 →
和銅遺跡 → 国道 140 号に戻り南下 → 下小川橋 → 蓼沼西区公民館 →
荒川河原（和銅黒谷 ←10 分→ 和銅遺跡。和銅黒谷 ←30 分→ 蓼沼化石産地）

秩父ジオパーク・ジオサイト「ようばけ」、おがの化石館

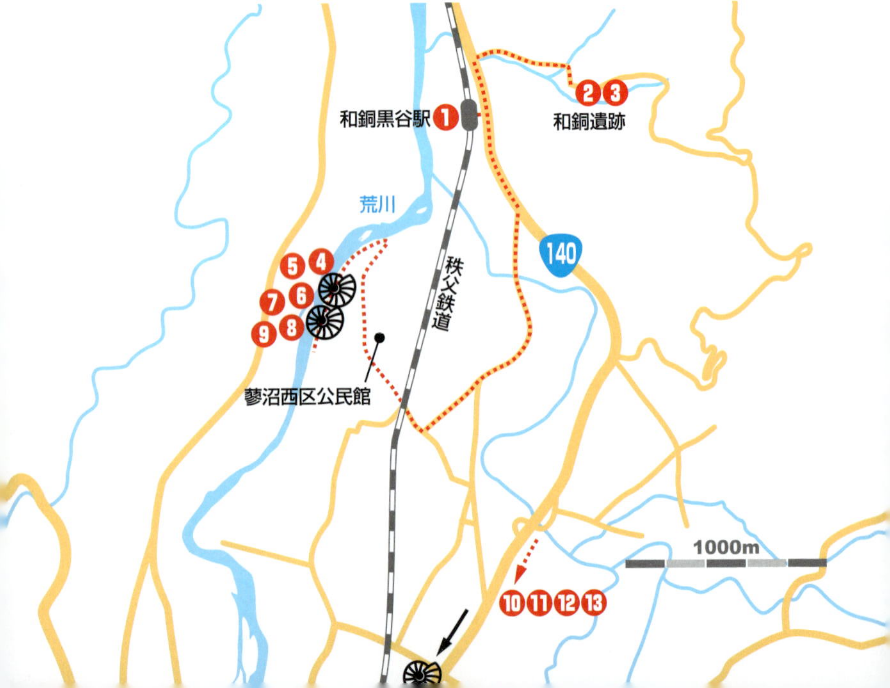

秩父周辺は「ジオパーク秩父」として平成23年（2011）に日本ジオパークに認定された。学術性の高い地質学的な景観を20ヵ所以上、ジオサイトとして保存しており、このコースに含まれる「和銅遺跡」や「ようばけ」も、そのジオサイトの1つである。

このコースのスタートは秩父鉄道「和銅黒谷」駅となる（写真❶）。瀟洒《しょうしゃ》な駅舎を背に国道140号線に出て、まず左（＝北）方向に向かうと「和銅遺跡入口」の大きな看板が右手に見える。案内にしたがって右折し、自然銅を御神体とする聖神社《ひじりじんじゃ》を左手に見ながら坂道をのぼっていく。10分ものぼらないうちに右手に和銅採掘跡を示す看板があるので、それにしたがって歩みを進めると、大きな和同開珎の碑が現れる（写真❷）。その横を流れる沢の対岸が和銅＝自然銅の採掘跡になる（写真❸）。採掘跡の地層は侵食を受けてその上流側へと続

上❶　秩父鉄道「和銅黒谷」駅
中❷　日本通貨発祥の地碑
下❸　和銅採掘跡「出牛—黒谷断層」

上❹ 奈倉層、砂泥互層の平行葉理
下❺ 二枚貝化石（雄型と雌型）

く小さな谷になっているが、この谷を挟んで岩質は異なる。これが、山側の古生代のチャートと盆地側の新生代の砂岩を分ける「出牛《じゅうし》─黒《くろ》谷《や》断層」である。

観察を終えたら国道 140 号線に戻り、今度は左手に（南向きに）進む。「和銅黒谷」駅、和銅大橋前交差点を通り過ぎ、途中からＹ字路を折れて下《しも》小《お》川橋《がわばし》方面に向かう。目立った路地、標識、ランドマークがないのだが、道を尋ねる場合は「蓼沼西区公民館」をとりあえず目指すとよい。蓼沼西区公民館を右手に直進すると荒川の河原に出る。すると、目の前に平行葉理《へいこうようり》の発達した奈倉層

❻ 巻貝化石（雄型と雌型＝左側の窪み）

が広がる（写真❹）。なお、Google map のストリートビューで化石産地に降りる手前までの経路を確認することができる。

奈倉層は、秩父町層群と呼ばれる大きな地層のグループの 1 つで、1700 ～ 1400 万年前に堆積したと考えられている。ちょうど秩父盆地全体が暖流の流れ込む内湾を形成していた時期であり、奈倉層からパレオパラドキシア、クジラ、サメ、ウミガメなどの化石が報告されていることからもうなづける。この層はおもに砂泥互層《さでいごそう》であり、河原に露出する層からさまざまな化石が見つかる。貝類は二枚貝が豊富だが（写真❺）、巻貝が見つかることもある（写真❻）。また、カニなどの甲殻類の産出も豊富で、何種類か見つけることができる（写真❼❽）。硬質の砂岩層の中にはカニなどの巣穴跡と思われる生痕《せいこん》化石を見ることもできる（写真❾）。これらの産状からも、奈倉層が堆積した時代が穏やかで豊饒《ほうじょう》な海だったことがわかる。

上❼ 甲殻類（カニ）化石
下❽ 甲殻類化石

奈倉層化石産地からは距離があるため、タクシーやバスの乗り継ぎでの移動になってしまうが、化石産地として訪ねてみたいところが「ようばけ」である。小鹿野町立「おがの化石館」を目的地として移動する（写真❿）。最寄り駅である「西武秩父」駅から「小鹿野」行のバスに乗り、「泉田」バス停で下車して徒歩 20 分の位置にある。おがの化石館で、小鹿野町内より産出した

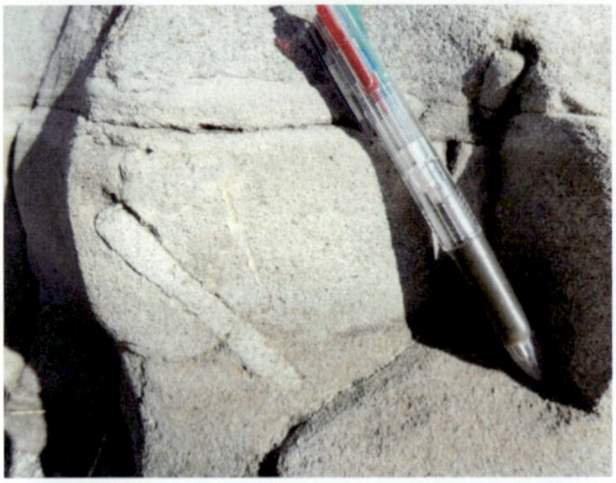

上❾ 生痕化石
中❿ おがの化石館
下⓫ ようばけ

大型哺乳類であるパレオパラドキシアをはじめとする秩父盆地から産出した化石をひと通り見た後で、館の東側、赤平川の対岸にそびえる崖「ようばけ」を見学する（写真⓫）。ようばけを構成する地層は大きく２つに分かれ、下半分の砂岩層が奈倉層、上半分の砂泥互層が鷺ノ巣層とされている。現在、ジオパーク秩父のジオサイトの１つとして保護されており、保護地域内では安全性の面からも採集が禁止されている。しかし、上流に向かって歩みを進めながら、風化した河原の転石（写真⓬）をよく注意して見ると、中に化石を見つけることができる（写真⓭）。

１回の化石採集行程としてはこれで一杯一杯だと思うが、機会があれば長瀞にある埼玉県立自然の博物館にも足を運びたい。ここでは、同じく秩父湾に生息していたと考えられる、全長 12 m にも達する巨大なサメの一種、カルカロドン・メガロドンの歯化石や全体の復元模型などが展示されている。

⑫ 風化した河原の転石

⑬ 転石中の貝の印象化石

14 IRUMAGAWA SASAI 埼玉県

入間川 笹井 ★☆☆

メタセコイアの材（切株）、裸子植物の球果（メタセコイア、オオバラモミなど）、被子植物の種子（サワグルミ、コブシ、クリなど）
産地名：埼玉県入間市春日町

仏子層の炭化植物層（メタセコイア化石林）、狭山市立博物館、アケボノゾウ化石産地

西武池袋線「稲荷山公園《いなりやまこうえん》」駅 → 狭山市立博物館 → 黒須公民館 → いるまの湯 → 笹井ダム下流中州 → 西武池袋線「入間市」駅

入間市博物館 ALIT、埼玉県立自然の博物館（長瀞）

　スタートは西武池袋線「稲《いな》荷《り》山公園《やまこうえん》」駅（写真❶）。第二次世界大戦後、米軍が使用していたジョンソン空軍基地の一部が返還されて現在、稲荷山公園として狭山市民の憩いの場となっている。なお余談だが、米軍が管理していた時代には「ハイドパーク」と呼ばれており、返還された後もこの公園はそのように呼ばれていた。春はソメイヨシノが咲き、コナラやアカマツなどの照葉樹が目立つ。この公園の敷地内に狭山市立博物館がある（写真❷）。常設展示は、考古・歴史系のものが主流だが、その中にアケボノゾウの骨格標本と産状復元模型があるので見ておきたい。

　博物館を後にして稲荷山公園の敷地に沿って北上し、国道 16 号線の信号のある横断歩道を渡って「入間市」駅方向に歩くと、右手からＹ字路で合流してくる交差点に霞《かすみ》川《がわ》を渡ることができる小道がある。そこで霞川沿いに西に向かって歩くとＹ字路の分

上❶　「稲荷山公園駅」（北口）
中❷　狭山市立博物館
下❸　霞川北岸慰霊碑

上❹ 飯能信用金庫前歩道橋
中❺ 笹井ダムへの降り口
下❻ 笹井ダム下流の中州（仏子層）

岐点となる慰霊碑が見えてくる（写真❸）。

ここを右手に進み、黒須公民館前を通り過ぎると国道 299 号線にかかる歩道橋が見えてくるので、この橋を渡り、降り口にあたる飯能信用金庫の先（北側）にある路地を入る（写真❹）。狭山市立博物館を出てからここまで約 20 分弱の行程である。そして、ここからは露頭まではほぼ道なりまっすぐである。

右手にスーパーマーケットのある交差点を「アクアリゾートいるまの湯」の案内にしたがって進み、いるまの湯を 100 m ほど過ぎると右手に祠のある河原への降り口（写真❺）があるので、そこから河川敷に降りる。飯能信用金庫から約 15 分程度の行程である。

降りると左手に笹井堰《ささいせき》（笹井ダム）を臨む河川敷が目に入る（写真❻）。この河川敷の中洲の下に広がるのが「仏子《ぶし》層《そう》」である。

仏子層は、関東平野西縁の丘陵を構成する重要な地層の一つで、飯能《はんのう》市《し》阿須《あず》から狭山市笹井の入間川流域と加治丘陵《かじきゅうりょう》に分布する。おもに泥やシルトによって構成されているが、礫《れき》や火山灰、亜炭の層を挟むことがある。河川の中央付近の河床を見ると、メタセコイアの株の材化石が点在しているのを見ることができる（写真❼）。

立木のまま化石化している様子を見るだけでも太古の森林を、地層というページを剥がして見ているようで感慨深い。

　川によって削られた中洲の崖面では炭化した植物の層（亜炭層）や礫層がはさまっているのを見ることができる（写真❽）。この亜炭層はおもに樹木の幹や枝であった材化石からなるが、植物の球果や種子を含むことがある（写真❾）。この亜炭層からネクイハムシと呼ばれる水草の根を食べる甲虫の化石が見つかっていることや、当時の環境指標となる花粉や珪藻《けいそう》の化石の構成種から判断して、この入間川の中洲周辺は、メタセコイア、ハンノキ、サワグルミなどが繁茂する湿地林で、その周辺には、エゴノキ、オオ

上❼ メタセコイアの材化石（切株状）
下❽ 仏子層の亜炭層と礫層

❾ 材化石とともに出土した種子（クリ）

⑩「入間市」駅（北口）

バタグルミ、コブシ、オオバラモミの林が広がっていたと考えられている。

仏子層は約 150 ～ 100 万年前の更新世《こうしんせい》と呼ばれる時代に堆積した地層だが、笹井以外の地域では、干潟に棲む貝類やアナジャコ類の巣穴が発見されたりしている。このような化石の存在やその種類の変化は、仏子層が堆積した 50 万年間に海岸線が東西へと移動を繰り返し、飯能市周辺まで海水が浸入して広大な干潟を形成したことが 3 回以上はあったことを教えてくれる。

笹井ダムの上流で発見された大型化石哺乳類のアケボノゾウは、前期更新世に生きていたゾウであり、狭山市立博物館や入間市博物館でその骨格標本を見ることができる。後期更新世に生きていたナウマンゾウよりもさらに古い時代のゾウなのである。彼らが生きていた時に、海岸線の変化に合わせて食べ物を求めて移動している姿を想像してみるのも面白い。

なお、河川の中洲へはいつも渡れるわけではない。水量、流路は季節に応じて常に変化している。状況を見極めて慎重に判断して行動することが大切である。また、夏は繁茂した草、蚊などへの対策も必要となってくるので、長袖・長ズボンの用意ははずせない。

帰路は、「入間市」駅へと向かう道を進む。飯能信用金庫までは来た道を戻るが、そこからは国道 299 号線に沿って「入間市」駅を目指す。国道 16 号にかかる歩道橋を渡り、「入間市」駅の北側に広がる駐輪場の北縁を通る小道に沿って進む。やがて、「入間市」駅（北口）の入り口が見えてくる（写真⑩）。

東京ディズニーシー® で化石探し！？

東京ディズニーシーは、2001 年に開園したアミューズメントパークで、大人にも子どもにも大人気な場所である。しかし、ここには化石もあるし、地球科学的に興味深い展示物がたくさんある。

まず、入口の「ディズニープラザ」には大きな地球儀が回っている。もちろん自転方向と一致しているが、地軸が傾いていない。その周りの床にある円形のデザインは、上空から見るとわかるが、月の満ち欠けをあらわしている。この満ち欠けの影の部分に蛇紋岩、日の当たる部分に大理石が使われている。この大理石をよく見ると二枚貝や巻貝の化石が含まれている。また、そばにあるトイレの壁には、アンモナイトや三畳紀の示準化石である二枚貝のモノティスが見つかる（写真❶❷）。ただし、これは本物でなく人工石材である。

「ミステリアスアイランド」入口には、見事な柱状節理の人工石材があり（写真❸）、地球の自転の証明に使われるフーコー振り子がさりげなく設置されている。

プロメテウス火山は、２つの複合火山になっており、火山灰、スコリア、火山礫があり、縄状溶岩なども精巧につくられている。

「マーメイドラグーン」に設置された石材は花崗岩で、風景が一変する。「ロストリバーデルタ」は、層理のはっきりした堆積岩が使われている。「アメリカンウォーターフロント」では、トリケラトプスの頭骨化石のレプリカが置かれている。

ディズニーシーの設計には、アメリカの地質学者が携わったと聞く。さすが、専門家の視点からデザインされている。アトラクションに乗るのも楽しいが、こんな展示物や化石にも目を向けてみよう。

上❶ トイレの壁のアンモナイト
中❷ 三畳紀の示準化石であるモノティス
下❸ 精巧につくられた柱状節理

昭島★☆☆

アキシマクジラ、植物、生痕《せいこん》、貝など
産地名：東京都昭島市

八高線鉄橋、アキシマグジラ産地、拝島橋、水道橋

JR 五日市線「中神《なかがみ》」駅 → 諏訪神社 → 八高線鉄橋 → アキシマクジラ産地 → 拝島橋 → 水道橋 → 昭島市役所 → JR「昭島」駅

JR青梅線「中神《なかがみ》」駅がスタート（写真❶）。南口を降りて、駅前通りを南に800 mほど歩き、中神坂の交差点を右折し奥多摩街道を進む。下り坂になっており、河岸段丘を降りていることがわかる。途中に諏訪神社がある。ここに立ち寄ってみよう。「東京の名湧水57選」という看板が立っている。多摩川の河岸段丘崖から湧き出た水である。宮沢の交差点で新奥多摩街道と交差するが、まっすぐ進むとJR八高線の線路が見えてくる（写真❷）。「くじら運動公園」という案内板があるので、それにしたがい左に進むと多摩川に出る。ここには広い駐車場もあるので、車で来ることもできる。さっそく鉄橋に沿って細い道を歩くと広々とした河川敷に出る。

この鉄橋では、昭和20年（1945）8月24日に、上り列車と下り列車が正面衝突し、客車が増水していた多摩川に転落、100人以上の死者が出るという大事故が起きた場所である（写真❸）。平成13年

上❶　JR「中神」駅
中❷　くじら公園入り口
下❸　八高線の鉄橋

（2001）に当時の車両が中洲から引き上げられ、平成16年（2004）にくじら運動公園脇に設置されている。この場所は痛ましい場所であるが、その一方、昭和36年（1961）には、全長16mのクジラの化石がほぼ完全な形で発見された場所でもある。ヒゲクジラの仲間の新種でアキシマクジラと名づけられ、昭島市のマスコットにもなっている。市民祭りは「昭島くじら祭り」という名称が使われ、マンホールのデザイン（写真❹）など町の各所で、クジラが使われている。

ここに露出している地層は、上総《かずさ》層群平山層で約160万年前のものである

上❹ クジラの絵のマンホール
中❺ 広々とした地層が出ているアキシマクジラ産地
下❻ クジラの骨の化石。おそらくアキシマクジラだろう

❼ アカガイ

❽ コウヨウザンの葉

❾ クリの葉

❿ マツの球果

（写真❺）。層理のはっきりしない塊状の砂岩で、ここからはクジラ以外にも貝化石や植物化石が見つかっている。クジラの骨は、スポンジ状になった骨の組織があるのでよく探すと見つかるかもしれない（写真❻）。また貝化石はキサゴ、マテガイ、チヨノハナガイ、アカガイ（写真❼）などが産するが、殻は残されておらず印象のみである。植物化石は、砂岩の中の泥質な部分で見つけることができる。コウヨウザン（写真❽）、クリ（写真❾）、マツの球果（写真❿）などが見つかっている。また、地層の表面や断面をよく見ると、穴のあいた跡や、パイプ状の模様を見ることができる。これらは、カニやエビなどが棲んでいた巣穴の跡の化石であり、生痕《せいこん》化石というものである。

化石採集を楽しんだら、堤防の道を上流に向かって歩こう。多摩川遊歩道として整備された道であり、途中は雑木林を通る道もあり、とても歩きやすい

上⑪ 整備された遊歩道
中⑫ 水道橋
下⑬ 立木の化石

(写真⑪)。1 km あまり歩くと拝島橋に着く。橋の下をくぐると小さな公園があり、トイレもある。さらに上流に1 km ほど歩くと水道橋が見えてくる（写真⑫)。この橋の手前から河床に向かう。ここが、次の化石産地である。八高線鉄橋下の産地は海の影響を受けてできた地層だが、ここの地層は陸の影響を強く受けてできた地層である。ここには立木の化石（写真⑬）など、植物の化石が多く産出する。また、アケボノゾウの足跡の化石、アケボノゾウの幼体頭骨化石、イヌ属の下顎《したあご》化石なども見つかっている。また、かつて水道橋と拝島橋の間の左岸側に地層が露出しており、多くの立木化石と、オオバタグルミ（写真⑭)、ヒメバラモミなどの球果化石、ミズクサハムシなどの昆虫化石が多数産出した。今後、増水により新たに侵食されてまたそれらの化石が発見される日が来るであろう。

水道橋での化石採集が終

わったら、「昭島」駅方面に戻る。堂方上《どうかたうえ》の交差点を右折し新奥多摩街道を進むと、茶色の７階建てのビルが見えてくる。昭島市役所だ。ここの１階ロビーに、アケボノゾウの足跡化石レプリカ、アケボノゾウ幼体頭骨レプリカ、イヌ属下顎骨レプリカが展示されている（写真⑮）。なお、アキシマクジラの椎骨１個と肩の骨１個も展示されてあったが、研究のため群馬県立自然史博物館に貸し出している。市役所の化石の展示を見たら、北へまっすぐと進み１kmちょっとでゴールである「昭島」駅に着く（写真⑯）。

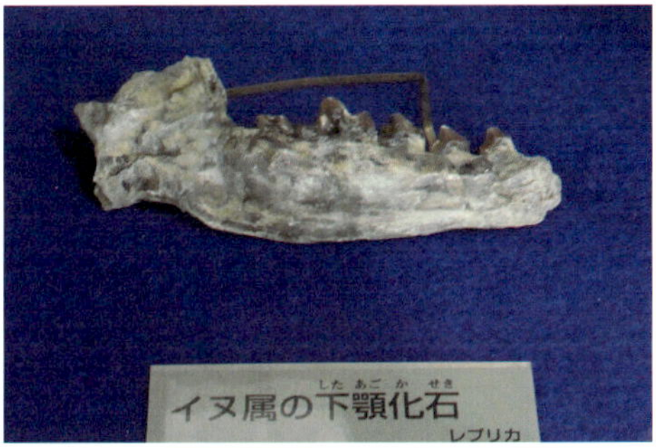

上⑭　オオバタグルミ
中⑮　イヌ属の下顎骨レプリカ
下⑯　JR「昭島」駅

北浅川

★★☆（バス利用）
★★★（すべて歩き）

植物（メタセコイア、オオバタグルミなど）、コハク
産地名：東京都八王子市上壱《かみいち》分《ぶ》方《かた》町、横川町

小仏層との不整合、ハチオウジゾウ産地、メタセコイア化石林

JR中央本線「高尾」駅 → 高尾街道 → 四谷交差点 → 陣馬《じんば》街道 → 「神戸」バス停 → 上壱分方小学校裏北浅川河床 → 四谷交差点 → 横川団地 → ハチオウジゾウ産地 → JR「西八王子」駅

多摩森林科学園、サイエンスドーム八王子

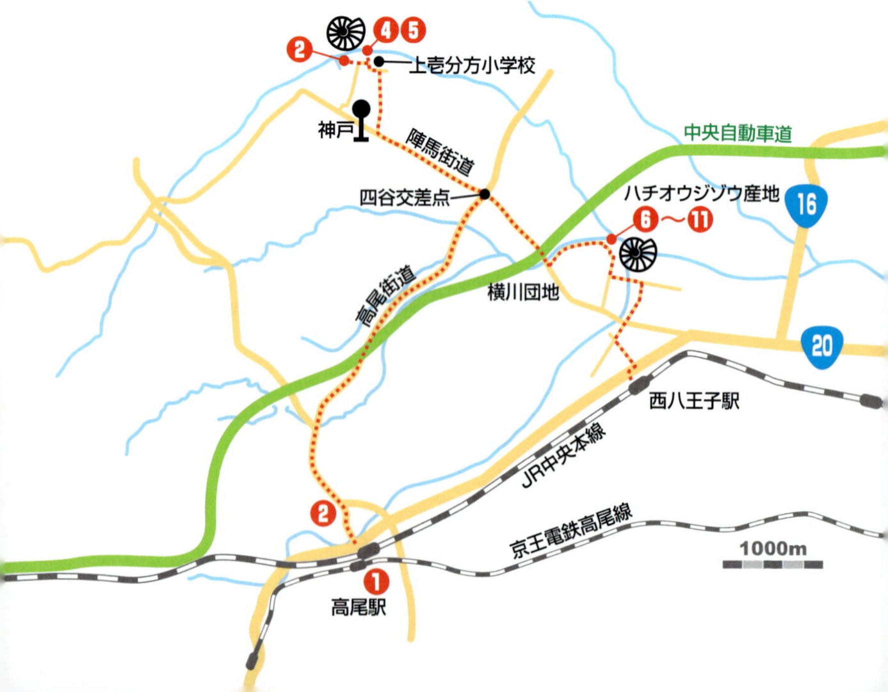

スタートはJR中央本線「高尾」駅（写真❶）。この駅はかつて浅川駅と呼ばれていたが、昭和36年（1961）にこの名に変更された。大正天皇の御大葬の際、棺を送り出すために新宿御苑に造られた仮停車場を移築したもので、木造平屋の古風な造りである。

北口に降りて、高尾街道をまっすぐ10分ほど歩くと、左側に多摩森林科学園がある（写真❷）。ここでは、研究施設の一部を一般公開している。とくに有名なのは桜保存林であり、250種類のサクラが4月いっぱい見頃となる。その時期に訪れたら、ぜひ立ち寄るとよい。中央自動車道を通り過ぎ、40分ほどで陣馬《じんば》街道との交差点（四谷）に着く。そこを左に曲がり1kmほど陣馬街道を歩くと、「神戸」バス停がある。北側の細い路地を上壱分小学校方面に歩くと、東京天使病院が見つかる。天使病院を過ぎて右に行き、上壱分方公園と小学校のわきの路地から土手に出て、上流側に100mほど行くと堰堤が見えるので、そこで川原に降りる。なお、「高尾」駅からここまで歩くと7km

上❶ JR「高尾」駅。木造で古風な駅
中❷ 多摩森林科学園入口の看板
下❸ 東京のミニグランドキャニオン。白亜紀の地層が広がる。ここから化石はまだ発見されていない。もし発見したら大発見だ

上❹ 小仏層に不整合に重なる矢颪層
下❺ 立木の化石。今は根の部分だけ残されている。これもいずれはなくなる運命

ほどある。JR「高尾」駅またはJR「八王子」駅から、「神戸」バス停までのバス（西東京バス「宝生寺《ほうしょうじ》団地」、「恩方車庫行き」など）も出ているので最初からそれを利用してもよい。

このあたりから下流に広がるのは、東京のミニグランドキャニオンともいえる渓谷である（写真❸）。砂岩と泥岩が変質を受けて千枚岩という岩石になっており、それが切り立った状態で広く露出している。この岩石は小仏層群《こぼとけそうぐん》と呼ばれる地層で、高尾山などの西部の山地を造っているものである。そして、東に向かい地下深くに潜り、東京都の土台となっている。この岩石からはまだ化石は見つかっていないが、時代は後期白亜紀とされている。

ミニグランドキャニオンを見ながら下流に進むと、固い千枚岩の上に、柔らかい砂岩、シルト岩が不整合で重なって出てくる。この柔らかい地層は鮮新世《せんしんせい》の矢颪《やおろし》層である（写真❹）。不整合がここでは４ヵ所も観察できる。不整合とは、地層が侵食などによってけずられた上に新しい地層ができ、上下で時代のギャップができること。河原を歩きながらおよそ１億年前の小仏層から、およそ300～400万年前の矢颪層にタイムスリップすることになる。

矢颪層からは、メタセコイアの球果、コウヨウザンの葉、シキシマサワグルミの実、エゴの実などの植物化石が産出する。また材木片や直立樹幹化石も見られる(写真❺)。またここからゾウの臼歯《きゅうし》が見つかったという報告もある。

上壱分小学校の裏手まで来ると、礫《れき》層が連続して出てくる。この礫層は、北部の加住《かすみ》丘陵をおもに造っているもので、加住層と呼ばれるものである。矢嵐層とは不整合で重なっている。この東京のミニグランドキャニオンは、滑りやすく危険なので、滑落しないように十分に気をつけたい。

また、陣馬街道に戻って、2 km ほど八王子市に向かって歩き、中央自動車道の下をくぐると城山川《しろやまがわ》にあたる。城山川に沿って、横川中学校の前を通り、五反田橋を渡ると老人ホームがある。その脇の道から河床に降りることができる。ここには、加住層の上部の寺田層という地層が広がっており、メタセコイア化石林とハチオウジゾウの産地として有名である(写真❻)。

上❻ ハチオウジゾウ産地
中❼ メタセコイアの直立樹幹化石。年輪も数えることができる
下❽ メタセコイアの球果化石

❾ 直径 5 cm もある大きなコハク。虫入りのものはまだ発見されていない

まず、立木の化石を探してみよう（写真❼）。この化石林は地元の高校の先生によって昭和 42 年（1967）に発見されたもの。当時は 29 株あり、なかには直径 2 m を超えるものもあった。しかし、現在はずいぶん少なくなってしまった。立木の化石はハンマーで叩かないようにしよう。材木の破片は地層の中にいくらでも見つかる。これらもメタセコイアの化石である。昔地元の人は薪として使っていたらしい。さらによく探すと、地層の表面にくぼみが見つかることがある。これはゾウの足跡だ。足跡は採集できない。あとの人のことも考えて見るだけにしよう。また運が良ければシカの足跡も見つかる。シカは偶蹄目《ぐうていもく》であるので、足跡は細長く並んだ小さい 2 つのくぼみである。

ここからはさまざまな植物の化石が見つかっている。いちばん多いのがメタセコイアの球果の化石だ（写真❽）。オオバタグルミという絶滅種の大きな実も見つかる。またエゴの実、ヒシの実なども見つかる。運が良ければ昆虫の化石も見つかる。中央自動車道の下まで上流に進んだら、また元の道に引き返そ

⑩ 発見されたハチオウジゾウの２本の切歯。２本がほぼ完全な形で産出した

う。北浅川と城山川との合流付近近くにある地層は小さな白い粒（パミス）を含んだ暗紫色のシルト層である。この中にはコハクが含まれている。時には、直径５cm以上もある大きなものが採れる（写真❾）。しかし、時代が新しいので柔らかく、壊れやすい。東京都からコハクが産出するというのはあまり知

⓫ 産出した6個の臼歯。ゾウの化石の鑑定の決め手となるのは臼歯である。これだけ揃って臼歯が産出した例はめずらしい。葉のギザギザが屋根の形のようになっているのは、ステゴドンゾウの特徴である

られていないだろう。コハクは、樹液が固まり化石になったもの。メタセコイアは傷をつけると透明な樹液を出す。おそらく、これが化石になったものであろう。コハクの中には昆虫が閉じ込められて、それが化石になることがある。いわゆる「虫入りコハク」である。しかし、ここから発掘されたコハクの中に、虫が入っているのは見たことがない。メタセコイアという木には、昆虫があまり寄りつかないことが原因なのかもしれない。

平成13年（2001）12月に、この場所でゾウの切歯《せっし》と臼歯《きゅうし》が発見された。

⓬ ハチオウジゾウのホロタイプ標本。完全な形で産出したことが新種の鑑定の決め手となった

その後本格的に発掘が行われ、ほぼ完全な形の２本の切歯（写真❿）と６個の臼歯（写真⓫）、大腿骨など骨格 30 点が発見された。そして平成 22 年（2010）には、その化石は新種であるとしてイギリスの学会誌に報告され、ハチオウジゾウと呼ばれるようになった。また、平成 24 年（2012）にその下流 1.8 km の浅川橋下流側で、ゾウの切歯が１本発見されている。よって、八王子の地下にはさらに多くのゾウの化石が眠っていることであろう。なお、すぐ近くに八王子市役所があり、さらに下流側に１km ほど歩くと「サイエンスドーム八王子」がある。ここにはハチオウジゾウの切歯と臼歯のレプリカが展示されているので、それを見てから帰ってもよい。

帰り道は、徒歩なら横川団地から南に歩き、陣馬街道を越えて JR「西八王子」駅に 20 分ほどで着く。バスなら「横川団地」バス停から JR「八王子」駅に出ることができる。

五日市 ★☆☆

メタセコイア葉片、植物、スナモグリ、サメの歯など
産地名：東京都あきる野市五日市町

五日市郷土館、小和田橋化石産地、パレオパラドキシア産地、秋川橋

JR 五日市線「武蔵五日市《むさしいつかいち》」駅 → 五日市郷土館 → 佳月橋 → 小和田橋 → 秋川橋河川公園 → 秋川橋 → 館谷化石産地 → JR「武蔵五日市」駅

樽の石灰岩化石　高尾橋周辺の化石

上❶ JR「武蔵五日市」駅
下❷ 市神様の自然石

五日市町は、平成7年（1995）に秋川市と合併され、あきる野市となった。ここは古くから古生代、中生代、新生代すべての時代の化石が産出することで有名な場所である。

スタートはJR五日市線「武蔵五日市《むさしいつかいち》」駅（写真❶）。駅を降りてから、檜原《ひのはら》街道を西に向かう。途中で、「五日市ひろば」があり、そこにあきる野市の文化財に指定されている市神様《いちがみさま》がある（写真❷）。江戸時代の五日市は木炭の産地として栄えていた。この自然石は、市の中心に祀られ、市の発展を見守っていたものだそうだ。しばらく歩くと五日市高校前の交差点がある。この先を右に折れると、「五日市郷土館」がある。ここには、五日市の地質の説明と、市から採れた化石の展示がある。ここで、市全体の地質と化石について頭に入れていくとよい。中生代三畳紀の示準化石である二枚貝のエントモノチスやクモヒトデの化石も展示してある。東京からの中生代の化石は珍しい。しかし、この産地は天然記念物に指定されており、採集はできなくなっている。また、特に目を引くのが、昭和53年（1978）にあきる野市網代《あじろ》のゴミ処分場建設現場から産出したミエゾウの化石と、パレオパラドキシアの化石である。

ミエゾウは、体高が3m以上にもなる大型の古代ゾウである。化石からも

上❸ 小和田橋から見た秋川下流の景色
下❹ 化石を含む砂岩泥岩互層

その大きさが想像できる。東京都からは、このミエゾウと、ミエゾウから進化したハチオウジゾウ、そしてさらに進化して小型化したアケボノゾウがそろって産出している。また、日本橋からはナウマンゾウも見つかっており、東京は古代ゾウの宝庫でもある。

郷土館を見学したら南の秋川方面に向かう。佳月橋《かげつきょう》を渡り、川沿いに下流に歩く。小《こ》和田橋《わだばし》（写真❸）を通り過ぎると、小さな堰がある。この下流付近が化石産地である。ここに分布している地層は五日市の盆地を造っている地層で、五日市町層群の秋川層小庄泥岩部層と呼ばれる地層だ（写真❹）。時代は中新世、およそ 1500 万年前だ。砂岩と泥岩からなり、地層が垂直に近い角度に傾斜している。化石を取り出すためには、タガネなどがあると便利だ。岩石が壊れやすいので注意してできるだけ大きなブロックで取り出し葉理面にそって割ろう。メタセコイアの葉（写真❺）、広葉樹の葉（写真❻）などが見つかる。メタセコイアの葉は、落葉するとばらばらになってしまう。しかし、不思議なことにこの場所からはばらばらになっていない状態で産出する。水流の影響の少ない穏やかな環境で化石になったのであろう。ただ、この岩石は乾燥するとばらばらになりやすいので丁寧に新聞紙に包んで持ち帰り、持ち帰ってからも木エボンドを薄めた液を塗るなどして割れないようにする工夫が必要だ。

採集を楽しんだら、川沿いに秋川の景色を眺めながら下流に歩く。秋川渓谷ともいわれる清流だ。小魚や野鳥などを見ながら小和田グランドの左側を土手に沿って歩くと、細い道がつながっている。あゆみ橋という橋を過ぎると、秋川橋河川公園に着く。ここはバーベキューランドとして家族連れなどに人気の場所だ。ここで、バーベキューをしてひと休みというのもよい。

バーベキューランドを過ぎると秋川橋に出る（写真❼）。秋川橋の移り変わりの石碑を眺めてから、橋を渡らないで少し下流側に行ってみる。小さな堰の下流側には、固い砂岩の岩石が分布している（写真❽）。平成元年（1989）に、増戸小学校自然観察クラブの児童たちが、ここでパレオパラドキシアの頭蓋骨の化石を発見した。頭蓋骨の発見は世界で５番目だそうだ。パレオパラドキシアは、体長３ｍほどで、カバのように水中で生活する哺乳類。「五日市郷土館」

上❺ メタセコイアの葉の化石
下❻ 広葉樹の葉（ブナ？）

上❼ 秋川橋
中❽ 秋川橋下流、このあたりからパレオパラドキシアの化石が見つかった
下❾ 錦江閣の入口

ではこのレプリカが展示されている。

秋川橋を渡って、駅の方向に戻る。駅から500 mほど東に行くと、旅館「錦江閣《きんこうかく》」入口の看板があるので（写真❾）、この旅館を目指して歩こう。約450 mで、旅館に着くが、その先で秋川の河床に出ることができる。ここが、館谷《たてや》の化石産地である。ここに分布している地層は、館谷泥岩部層であり、固いシルト岩や泥岩からなる（写真❿）。ここからは、二枚貝、有孔虫、カニ、スナモグリ（写真⓫）、魚のウロコ、クモヒトデなどの化石が見つかっている。岩石がかなり固いので、タガネなどを利用したほうがよい。

採集を楽しんだら「武蔵五日市」駅に戻り、本日のコースは終了となる。

なお、時間がある場合は、樽集落《たるしゅうらく》に足を延ばそう。「武蔵五日市」駅の北西で、あきる野市立五日市小学校の横の道を上っていく。ここは個人の土地であるので、必ず地主の許可を得てから入山すること。地主は樽良平氏で、元学校の教師である。ここには、中生代ジュラ紀の石灰岩が分布しており、その中から腕足類や、シダリス（ウニ）などが採集できる。また、魚の卵が固まったような「魚卵状石灰岩《ぎょらんじょうせっかいがん》」なども見つけることができる。この魚卵状石灰岩は化石ではなく、化学的な沈殿作用でできたものである。

　また、舘谷からさらに下流に行くと高尾橋がある。この周辺の秋川の河床礫《れき》の泥岩を見つけて、ハンマーで割ってみよう。二枚貝や植物の化石が見つかることがある。ただ、崖の露頭などから直接採集することは禁止されていることがあるので注意しよう。

上⑩ 秋川河床に広がる舘谷泥岩部層
下⑪ 産出したスナモグリの化石

18 NOBORITO 神奈川県

登戸

★☆☆

貝、カニ、海棲哺乳類、有孔虫など
産地名：神奈川県川崎市多摩区登戸、多摩川宿河原《しゅくがわら》堰下流河床

生田緑地枡形山《ますがたやま》、地震の跡を示す地層、宙《そら》と緑の科学館、宿河原化石産地

小田急線「向ヶ丘遊園《むこうがおかゆうえん》」駅 → 生田緑地公園 → 枡形山広場 → 宙《そら》と緑の科学館 → 小田急線「登戸」駅 → 多摩水道橋 → 宿河原化石産地 → 小田急線「和泉多摩川《いずみたまがわ》」駅

日本民家園、岡本太郎美術館

スタートは小田急線「向ヶ《むこうが》丘遊園《おかゆうえん》」駅（写真❶）。南口改札口を出て、駅前通りをまっすぐ進む。稲生橋《いなおいばし》の交差点を過ぎ、生田緑地の看板を見ながら右の道に入ると、生田緑地に到着する。右手に枡形山に向かう道があるので、この道を進もう。ここには、グリーンアドベンチャーの看板や枡形山の地質の説明もある。しばらく歩くと青灰色の泥層が出てくる。この地層は飯室層《いいむろそう》という地層で、約130～100万年くらい前にできた海の地層である。よく見ると貝の化石の断面が見えるが、ここでは採集はできない。

さらに道沿いを歩くと、灰色泥層の中に、砂の層が垂直に入り込んでいる地層を見つけることができる（写真❷）。これは地震による液状化のあとを示す「地震の化石」ともいえるものである。その後、いくつかの露頭を見ながら山頂を目指そう。約30万年前のおし沼砂礫層という浅い海

上❶　「向ヶ丘遊園」駅
中❷　地震のあとを示す地層
下❸　枡形山にある展望台

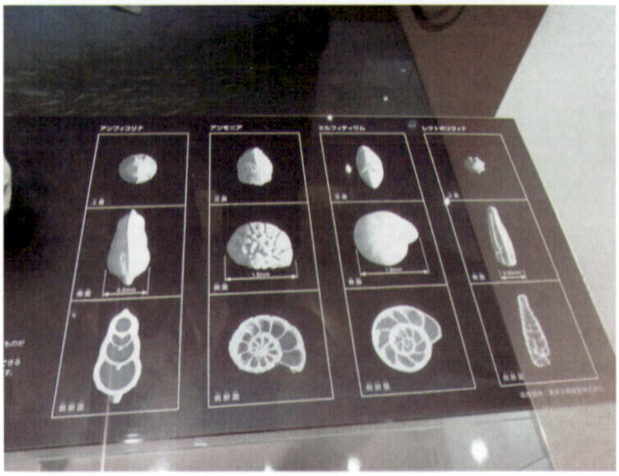

上❹ かわさき宙と緑の科学館
中❺ 展示されている化石
下❻ 有孔虫化石の写真

の地層と、その上に重なる関東ローム層を見ることができる。

枡形山の山頂（標高84 m）には展望台があり、ここからの景色を楽しもう(写真❸)。天気が良ければ西に富士山、東に東京スカイツリーも見える。

山頂でひと休みしたら、同じ道でなく、「青少年科学館」方向に降りる。この科学館（写真❹）は、平成24年（2012）に全面リニューアルし、名称も「かわさき宙《そら》と緑の科学館」と変更された。ここには、枡形山から昭和59年（1984）に発見されたトドの化石の発掘現場を再現した展示、大正12年（1923）に川崎市麻生区万福寺で見つかったアケボノゾウの臼歯（カントウゾウと呼ばれていた)、飯室層から産出したさまざまな貝化石なども展示されている（写真❺)。また、飯室層から産出する有孔虫の化石の解説もある（写真❻)。なお入場料は無料である。

次の場所に行く前に時間があれば、岡本太郎美術館や民家園に寄ってもよい。なお、岡本太郎美術館の前には、メタセコイアの森林があり、そこにローム斜面崩壊実験事故慰霊碑がある。昭和 41 年（1966）、人工的に行った斜面崩壊実験の失敗により 15 人が亡くなった。ローム地滑りの恐ろしさを語っている。

生田緑地から来た道を「向ヶ丘遊園」駅方向に戻り、途中で右に曲がり民家園通り商店会の道へと進む。踏切を渡り、線路沿いの道を「登戸」駅方向へと歩こう。道なりに駅を通り越して北側に進むと、多摩川の堤防が見えてくる。少し上流側に行くと多摩水道橋があるので、これを渡ろう。ここはかつて「登戸の渡し」があったところ、平成 7 年（1995）に新しい橋に架け替えられた（写真❼）。

橋を渡って、堤防に沿って下流側に歩こう。小田急線を越えて、さらにしばらく行くと、三角形をした「多摩川決壊の碑」が建っている。昭和 49 年（1974）9 月に起きた水害で、19 戸の民家が流失した災害の碑である。このあたりから河原に向かうと、宿河原堰堤《えんてい》が見える

上❼　多摩水道橋
中❽　宿河原堰堤
下❾　河床に分布する飯室層

❿ 産出したイズモユキノアシタガイ。殻が開いているので死んでから化石になったもの。10 cm 以上もある大型の貝

(写真❽)。この堰堤は、多摩川決壊後に新しく作られたもの。旧宿河原堰堤はその 40 m ほど上流にあり、多摩川決壊の原因となった。自衛隊はその時、さらなる増水を防ぐためにこれを爆破した。

この堰堤の下流側の中州には、広く泥岩層《でいがんそう》が分布している(写真❾)。生田緑地公園の最初の崖で見た地層と同じ飯室層である。この地層からは、多くの化石が採集できる。中州は増水すると水没するので、増水していない時に行くとよい。

化石は、全体的に産出するが、貝化石は上流のほうが殻が残されていることが多く保存がよい。それに対し、下流のほうは殻が残されておらず、印象だけのものが多い。

この場所は広々としているので、化石採集に向いている。そして、さまざまな種類の化石がここからは見つかっている。時間をかけてゆっくり化石採集を楽しもう。貝化石でとくに目につくのは、横長の長方形をしたイズモユキノアシタガイという絶滅種である(写真❿)。10 cm を超える大型なものも産出

する。また、同じく絶滅種のトウキョウホタテなども産出するが、バカガイ、ウバガイ、スダレガイなどほとんどが現在も生きている種類のものである。

また、化石の中には殻が合わさった状態（合弁《ごうべん》）で、しかも地層に対して垂直の状態で産出する場合がある（写真⑪）。これはまさに、その貝が生きたまま生き埋めになって化石になったことをあらわす。立木の化石などもそうだが、その場所で化石になったもの（現地性）と、その場所から流されるなど移動して化石になったもの（異地性）の両方の貝化石が、ここでは見られる。

上⑪ 合弁で産出したカガミガイ
下⑫ 小田急線「和泉多摩川」駅

貝化石以外では、エンコウガニなどのカニ、サメの歯、ウニ、魚の歯、フジツボ、植物なども見つかっている。

また、肉眼では見えないが、この泥の中には有孔虫という小さな動物の化石を含んでいる。沖縄で有名な星の砂も有孔虫の一種だ。この泥を少し持ち帰って、細かく砕いてから顕微鏡などで見てみよう。「かわさき宙と緑の科学館」で展示してあった有孔虫の写真と同じものが見つかるかもしれない。

採集を終えたら、また、堤防を上流側に戻ろう。小田急線の手前の道を北側に行けば、すぐに「和泉《いずみ》多《た》摩川《まがわ》」駅に到着する（写真⑫）。

横浜南部★★☆

シロウリガイ等の化学合成生物群集、二枚貝、巻貝（第四紀更新世）
産地名：鎌倉天園、横浜自然観察の森、金沢市民の森、瀬上市民の森、横浜市栄区上郷(瀬上沢)

化学合成生物群集、石灰質コンクリーション、上総層群野島層の貝化石

JR 横須賀線「北鎌倉《きたかまくら》」駅 → 建長寺 → 鎌倉天園 → 横浜自然観察の森 → 金沢市民の森 → 瀬上市民の森 → 瀬上沢 → JR 根岸線「港南台《こうなんだい》」駅

池子遺跡群資料館、平塚市博物館、新江ノ島水族館

本コースは全域が横浜市と鎌倉市の緑地保全区域に指定されており、化石のあるなしによらず土石の採取は禁止。また化学合成生物群集化石を産する 3 地点とも、横浜国立大学の間嶋隆一教授らによる研究調査活動が現在も進行中であり、こうした活動の妨げにならないよう、化石産地を損傷する行為は厳禁とする。

太陽の光が降り注ぎ、植物が繁茂する地球表層と違って、光の届かない深海は生物の乏しい世界だと、かつては誰もがそう考えていた。ところが 20 世紀後半になって、深海のあちこちに驚くべき高密度で生物が棲息する場所があることが、潜水調査船による調査研究で徐々にわかってきた。熱水噴出孔と呼ばれるその場所は、海底下からメタンや硫化水素を含む熱水が常に湧き出し、このメタンや硫化水素を利用して有機物合成を営む化学合成生物（バクテリアやアーキアと呼ばれる微生物）が繁栄している。さらに、そうした微生物を捕食したり体内に共生させたりして栄養を得る生物、シロウリガイ類などの貝類やエビ・カニ類やハオリムシなどによる、極めて高密度の生物群集が成立していた。こうした熱水噴出孔周辺の特異な生態系は世界中から見つかり、日本近海でも沖縄トラフなどに複数確認されている。さらに、熱水ではないが、プレート運動によって有機物を含む海底の堆積物が強く圧縮され、絞り出されたメタンを高濃度で含む海水（冷湧水）が噴き出すところがあり、ここにも同様の生態系が成立している。これらを総称して化学合成生物群集と呼ぶ。

神奈川県南東部、三浦半島の付け根あたりには、こうした特異な生物群集の化石産地が多数存在し、世界的にもたいへん珍しい場所である。都心からほど近い横浜南部の森の中に、深海に潜らないと出会えない生物の化石が眠っているなんて、考えただけでもワクワクしてくる。ここでは鎌倉北縁から横浜南部にかけて広がる緑豊かな丘陵の、ハイキングコースとして整備されたルートを縦走しながら、深海の不思議な世界を覗き見ていくことにしよう。

スタートは JR 横須賀線「北鎌倉《きたかまくら》」駅（写真❶）。鎌倉観光の人々に交じって改札を抜け、建長寺を目指す。バスもあるが、街道に沿って歩いても 15 分ほどであり、道の

❶ JR「北鎌倉」駅

❷ 建長寺山門

両側に並ぶお洒落なカフェやレストランを眺めながら歩くのは苦にならない。程なく建長寺に到着（写真❷）。拝観料 300 円を払い、山門をくぐる。さすが鎌倉五山の第一位、堂々たる門構えだ。

仏殿にて拝礼したら、建長寺の鎮守である半僧坊《はんそうぼう》への道を進む。入口からおよそ 15 分。次第に山深くなり、地層の縞模様が明瞭に見える岩壁が両側から迫ってくる。最後の長い石段をがんばって上ると、多数の天狗の像に迎えられながら半僧坊大権現に到達する。ここは鎌倉を囲む山地の北縁にあたり、西側の展望台からは富士山が、正面からは相模湾が一望できる（写真❸）。さわやかな風が心地いい。汗がひくまで、少し休憩しよう。

ここから鎌倉北縁の稜線をたどる山道が天園《てんえん》ハイキングコースだ。この道は古来より修行や巡礼の道として整備されてきたらしく、道は踏み固められ実に歩きやすい（写真❹）。尾根に出てしまうと急坂もほとんどなく、南には鎌倉と相模湾、北には横浜の景色も広がり、快適なハイキングを楽しめる。半僧坊

❸ 半僧坊からの眺望。鎌倉盆地と相模湾が一望できる。右に建長寺伽藍も見える

から30分で、本日の行程では最高峰となる大平山山頂（159 m）に到着。天園とは大平山山頂周辺の開けた場所を指し、2軒の茶屋があって食事や休憩ができる。行程の約3分の1を歩いたことだし、ここでお昼にしてもいい。

休憩が済んだら今日最初の化石探しだ。2軒目の茶屋のすぐ奥、瑞泉寺《ずいせんじ》方面（天園ハイキングルートの続きはこちら）と金沢八景方面への道の分岐点あたりの岩場をよく見ると、岩に多数の窪みができている（写真❺❻）。窪みは大きなもので15～20 cmもなる。これはシロウリガイ類の化石の跡で、元々は貝殻があったが、殻の部分は溶けてしまったため、窪みとなっている。溶けた殻の

❹ 整備された山道

上❺ シロウリガイ類の化石跡
下❻ シロウリガイ類の化石跡が多数刻まれた岩（天園）

❼ シロウリガイ化石（殻が別の鉱物に置き換えられたもの）

部分を別の石灰質成分が埋めたため、殻が残っているように見えるところもある（写真❼）。ただし、殻が溶けた窪みも別の鉱物に置換された部分も、どちらも正真正銘の化石には違いない。それにしても、もの凄い数のシロウリガイ・コロニーだ。

この地層は上総層群《かずさそうぐん》の浦郷層《うらごうそう》といい、関東平野の基盤岩となる上総層群の最下層である（**図 1**）。この化石群集については、約 250 万年前頃（第四紀更新世の始まった頃）のものと推定される。地層の歴史としてはまだ若いほうで、化石群集のないところは手でこすって壊せる程度の軟らかい砂岩（なのでイタズラ彫りも多い）なのに、ここだけカチカチに固まっている。

恐らく当時このあたりだけ、地層の下からメタンを含む水（冷湧水）が湧き出していたはずだ。このメタンを利用する（正確にはメタンによって生じた硫化水素を利用する）微生物を体内に共生させたシロウリガイ類が、海底におびただしい群集をつくっていた。さらにメタンが重炭酸イオンに変化し、これが石灰質の鉱物になってコンクリートのように砂粒同士をがっちりと固め、この硬い岩壁をもたらした、というわけだ。このように砂や礫が石灰質成分で固着されることを

図 1 鎌倉～横浜南部に分布する地層名と堆積した年代

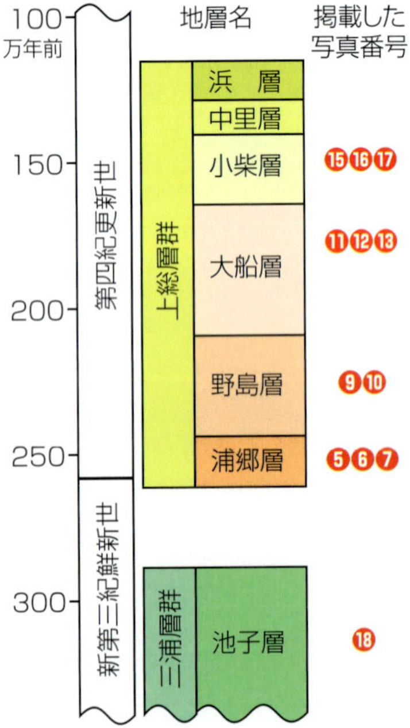

石灰質コンクリーションという。

この先にも見どころは豊富なので、そろそろ出発しよう。天園を後にし、瑞泉寺方面ではなく金沢八景に続く道を進む。このあたりの地質構造は北に緩やかに傾いているため、北上するにつれて徐々に上方の地層、すなわち新しい時代の地層が見えてくる。横浜霊園を左下に見ながら歩くと、約20分で「市境《しざかい》広場」に到着（写真❽）。ここから横浜市となり、金沢区と栄区にまたがる「円海山周辺緑地」となる（**図2**）。横浜市はこの広大で豊かな自然環境を保全しつつ、間伐等の積極的な管理も行い、いくつものハイキングコースを整備して市民に開放している。分岐点には標識が、道のあちこちには自然解説板が整備され、初心者でもまったく困らない。ここでは大丸山《おおまるやま》の西側の尾根道を抜けて「いっしんどう広場」に至る、県の分水嶺《ぶんすいれい》でもある尾根道歩きを楽しもう。

市境広場からの道は景色もよく快適だ。大丸山の脇を抜けると、左手に丘陵を切り開いた造成地の住宅屋根が整然と並ぶ。

❽ 市境広場

図2 円海山周辺緑地と周辺の地形段彩図。丘陵地を造成した住宅地は灰色で示す。本コース（太線）が尾根筋を貫いていることがわかる

❾ 巻貝の化石

❿ 二枚貝の化石

このあたりの地層は上総層群野島層《のじまそう》といい、化石を多く含む地層として知られている。横浜自然観察の森からは、ホタテガイ類やタマキガイ類などの貝殻化石が多数見つかっているが、今回のルート中でも巻貝や二枚貝、ツノガイ類の化石を見つけた（写真❾❿）。

ひょうたん池からの合流地点を過ぎてしばらく歩いたところで、道の真ん中に小さな岩が顔を出していた（写真⓫）。通り過ぎてしまいそうな小さな岩だが、この中に二枚貝の化石がびっしり入っていた（写真⓬⓭）。二枚貝は直径が 10 cm ほどあり、合弁のまま化石となり断面が露出しているため、ハート形に見えるものが多い。横浜国立大学の間嶋隆一教授によると、これもメタン湧水のあるところに群集をつくるオウナガイ類の仲間で、やはり化学合成細菌を共生させて暮らす二枚貝である。すぐ脇の崖に大きな貝殻が入った岩が見え

左上⓫ 道に埋まった岩塊　**左下⓬・右⓭** 岩塊に含まれるオウナガイ類の化石

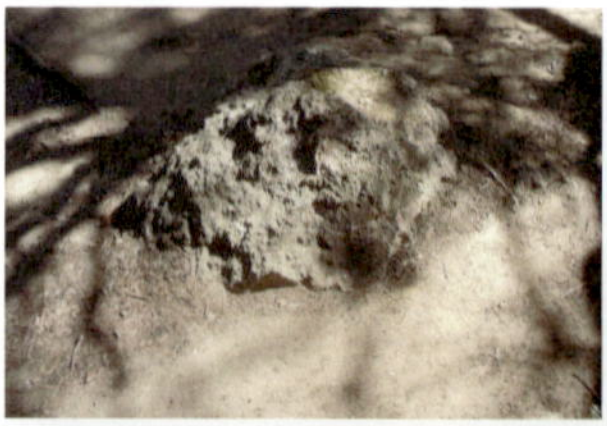

るので、そこにあった岩塊が落ちてここに埋まったのだろう。道の真ん中でハイカーに踏みつけられながらも突き出しているのは、天園と同じくメタン由来の石灰質コンクリーションによって砂粒同士が固着し、非常に硬くなったことを物語っている。

天園のシロウリガイ化石にここのオウナガイ化石と、これだけでも十分見応えがあるのだが、もっと凄い化石群集がこの先に待っているので先を急ごう。尾根道をさらに進むと、約 15 分で「いっしんどう広場」に到着（写真⓮）。尾根道ハイキングコースの終点だ。ここからは瀬上池《せがみいけ》に向かって山道を降りる。谷筋は昼も薄暗く、杉林の足元にはシダが生い茂る。明るい尾根筋とはずいぶん違う景色だ。

⓮ 道標

山道を下ること約 15 分、瀬上池の「池の下広場」に到着。この先は池から流れ出る瀬上沢に沿った平坦な道だ。徐々に谷は広がり、田んぼや畑が見えてくる。「円海山周辺の森」を抜け出したのだ。しばらく歩き続けると、横浜栄高校への分岐を過ぎた先で、左前方の岩壁に横堰《よこぜき》（導水のための手掘りトンネル）がある（写真⓯）。この岩壁におびただしい数の貝化石が露出している。ここが今回の最終目的地、上郷《かみごう》の化学合成貝化石群集だ（写真⓰）。

岩壁の中には直径 10 cm ほどの二枚貝（ツキガイ類・ハナシガイ類・キヌ

⓯ 上郷の横堰

⓰ 横堰の岩壁に見える化石群集

⑰ 上郷の岩壁に露出する、おびただしい数の二枚貝化石群集

タレガイ類）が、合弁のままぎっしりと詰め込まれている（写真⑰）。間嶋教授らが緻密な調査をした結果、数 m 四方の小さな露頭表面に 4300 個体もの二枚貝化石が露出していたというから、想像を絶する生物密度だ。

この化石群集は上総層群小柴層《こしばそう》に含まれ、今から約 150 万年前のものらしい。間嶋教授らがこの場所で縦方向にボーリング調査を行った結果、メタン由来の石灰質コンクリーションと貝化石層が 7 段にわたって存在していた。何らかの理由でメタン湧水が停止し、生物群集が死滅して土砂に埋没した後、再び同じ場所からメタン湧水が噴き出し、するとまた二枚貝の群集が発達する、こうしたサイクルが 7 度もあったことになる。このサイクルは第四紀に発達する氷期・間氷期変動に対応していることも明らかになった。これほど詳細かつ多方面からの研究が進められた化学合成化石群集はほかに例がなく、世界的にもたいへん貴重な化石露頭であるのは間違いない。ここがいつまでも保存されることを切に願う。

今回見てきた化学合成生物化石群集のほかにも、神奈川県内では逗子《ずし》市池子《いけご》のシロウリガイ類化石群集（三浦層群池子層：280 ～ 400 万年前）や横須賀市池上のシロウリガイ類化石（葉山層群：1500 万年前）など、多くの化石産地が存在する。池子のシロウリガイ化石は逗子市池子（米軍居留区域内）の池子遺跡群資料館や、平塚市博物館でも展示されている（写真⑱）。さらに、

⑱ 逗子市池子のシロウリガイ化石（平塚市博物館）

相模湾内には現在もメタンを含む冷湧水を噴出する場所があり、シロウリガイなどで構成される化学合成生物群集も発見された。ここで回収されたシロウリガイは新江ノ島水族館にて公開されたが、飼育が難しく、153日間生息した後に死滅した。これは飼育日数の世界最長記録だそうだ。

冒頭にも書いたが、化学合成生物群集の化石産地が、狭い範囲にこれほど密集するのは世界でも珍しい（しかも年代はバラバラ）。これは、メタン冷湧水を噴出する環境が長く継続したことを意味する。神奈川県の南方からはフィリピン海プレートが北進し、日本列島の下に沈み込みながら堆積物を陸側に押し付け続けている。堆積物中の有機物が分解して生じたメタンは、こうした圧縮作用によって地下水とともに地上に噴き出そうとするが、その際に地中の割れ目など特定の経路を通るため、噴き出す出口は固定化されてシロウリガイなどの膨大な生物群集を育み続ける。こうした堆積環境が1500万年以上続いてきたことを、各時代の貝類たちは教えてくれているのだ。

JR「北鎌倉」駅を出てからここまで4時間近く過ぎているはずだ。ずいぶん長いハイキングだった。少し戻って横浜栄高校を囲む坂道を上り、港南台の住宅街をしばらく歩く。最後の観察ポイントから20分ほどでJR「港南台」駅に到着。心地よい疲れを感じながら、家路に着くとしよう。

大磯★☆☆

二枚貝、巻貝、サメの歯
産地名：神奈川県中郡大磯町西小磯

大磯層（600 万年前の地層）の化石

JR 東海道本線「大磯」駅 → 大磯城山公園バス停 → 大磯海岸 → バス停 → JR「大磯」駅

平塚市博物館、大磯町郷土資料館、神奈川県立生命の星・地球博物館

「湘南海岸」とは、諸説あるが逗子・鎌倉付近から小田原・真鶴付近までの、ゆるやかに湾曲しながら延びる相模湾岸一帯を指す。その中で、大磯は背後に山がせまり、景観が特に美しい場所として、江戸時代初期に「湘南清絶地（中国・湘江南部の絶景に似た清らかな土地）」と形容された、元祖「湘南」といえる街である。明治以降、その海と山に挟まれた美しい景観と温暖な気候、都心からの近さから多くの別荘が建てられ、特に旧・吉田茂邸は有名である。その旧邸の裏、小淘綾浜《こゆるぎはま》と呼ばれる海岸の中に、貝化石やサメの歯の化石が出ることで知られた露頭がある。

スタートはJR「大磯」駅。オレンジ色の瓦屋根が印象的な駅舎だ（写真❶）。駅前のバス停で、「国府津行き」か「二宮行き」行きのバスに乗る。「城山公園前」でバスを降りたら、国道1号線をそのまま西に進む。左手に旧・吉田茂邸の鬱蒼とした森を見ながら進むと、吉田邸が途切れるところに「太平洋岸自転車道200 m」の標識が立つ（写真❷）。ここを左折して少し歩くと、自転車道に接続する道の脇から、西湘バイパスをくぐって海岸に通じる通路がある（写真❸）。右は葛川の河口。ほかの通路もあるようだが、これがいちばんわかりやすい海岸への行き方だ。

このあたりの海岸は小淘綾浜といい、大磯港のある照ヶ崎《てるがさき》から西に続く静かな海岸である。大磯港の東から江の島の先まで延びる砂浜海岸と違い、砂浜に散らばる丸い礫が印象的だが、これは箱根や丹沢の石が川に運ばれ波に流されて漂着

上❶ JR「大磯」駅
中❷ 海岸へ左折するポイントの標識
下❸ 海岸に通じる西湘バイパス下通路

❹ 砂浜に露出した大磯層の露頭

したものだ。高波が打ち寄せていることが多いのは、海底がすぐ深くなるのだろう。

海岸に出て、西湘バイパスを左手に見ながら東に少し戻るように歩くと、小さな川が海に流れ込んでいる。これは「血《ち》洗川《あらいがわ》」という、何ともいわくありげな名前の川。実際、鎌倉時代の刃傷事件の逸話が、この川の名前の由来になっている。川の水のほとんどは砂浜に染み込んでしまうため、難なく歩いて越えられるはずだ。これを渡ったあたりに、茶色と黒の縞模様の地層が発達する岩盤が、砂礫から顔をのぞかせている。ここが、貝やサメの歯の化石を産することで有名な大磯層の露頭だ（写真❹）。

地層はほぼ海岸に平行な向きに伸びており、おもに火山の噴出物である軽石やスコリア（黒い軽石）が地層を形成している。いったん固結した地層が壊されバラバラになり、それが大小の礫となって再堆積している場所があることから、この地層は海底地すべりによって移動し、すぐに再堆積したことがうかがえる。そして礫のすき間に大小の貝殻が挟まるように存在する。地すべりによって礫と揉みくちゃになったせいで、大きな殻は破壊され破片となってし

❺ 大礫層を構成する礫と含まれる化石の惨状

まったものが多い。

礫は互いに固着しているため、ハンマーとタガネを使って慎重に周囲の礫を取り除いていく作業が求められる。ややもすると、貝殻の部分が衝撃や振動で壊れてしまうこともある。あきらめず、壊れた部分は瞬間接着剤などで補修しながら取り出すといいだろう。また掘り出した化石はかなりもろくなっているので、ティッシュペーパーや脱脂綿ですぐに包んでおこう。

❻ 大きな二枚貝化石

この露頭からは、タマキガイ類やビノスガイ類、ホタテガイ類などの二枚貝、巻貝の化石のほか、サンゴ片やサメの歯なども産出する。クジラの骨が見つかったこともあるらしい。大磯層が堆積したのは今から約 600 万年前で、

❼ 発見したサメの歯の化石

化石生物からは暖かい海洋であったことが示唆される。ちなみに筆者は 1 時間ほどの発掘作業で、二枚貝の殻（いずれも破片）をいくつかと、サンゴ片を 1 本、そして 1 cm 程度の小さいサメの歯を見つけた。なお、台風などで海が荒れた後に行くと、浜を覆っていた砂や礫がはぎ取られ、岩盤が広く露出することがある。これを狙って行くのもいいかもしれない。ただし高波には十分に注意したい。

❽ 二枚貝と思われる

❾ 化石サンゴ片と思われる化石

化石発掘を満喫したら、せっかくだから周辺の見どころも押さえていこう。海岸から来た道を戻ると、再び旧・吉田茂邸の庭園が見えてくる。平成21年（2009）に失火で大半が焼失してしまったが、最近になって再建計画がまとまったようだ。そのうち一般に公開されることもあるかもしれない。

時間があれば、大磯城山公園に上って休憩しよう。清々しい森林もあれば、湘南の海が一望できる広場もある。また園内の大磯町郷土資料館には、ここの露頭で発掘された化石が展示されている。

少し足を延ばすなら、「大磯」駅からひと駅移動した「平塚」駅で下車、徒歩１５分の平塚市博物館がおすすめだ（写真⑩）。大磯海岸から発掘された貝化石を含む岩塊や、長さが約１０cmもある立派なホホジロザメの歯の化石（写真⑪）などが展示されている。p.134で紹介した池子のシロウリガイ化石も、ここに展示されている。プラネタリウムのプログラムも非常に充実していて、とてもお得な博物館だ。

上⑩　平塚市博物館
下⑪　ホホジロザメの歯の化石

なお、この大磯海岸での化石発掘については、平塚市博物館のほか、小田原市入生田にある神奈川県立生命の星・地球博物館でも時々、体験発掘企画を実施している。どちらの博物館でも、化石発掘から保存処理の仕方、標本ラベルの書き方まで丁寧に教えてくれるので、初心者はこうした企画に応募してみるのもいいだろう。

殿ノ入沢★★★

海産の二枚貝、ウニ、サメの歯など
産地名：山梨県富士吉田市上暮地《かみくれち》

砂鉄鉱床跡、白糸の滝

富士急行「寿《ことぶき》」駅 → 国道 139 号線 → 福昌寺《ふくしょうじ》 →
上暮地コミュニティセンター → オートキャンプ場 → 採石場跡 →
白糸の滝（復路は同コースをそのまま戻る）

富士吉田市歴史民俗博物館

スタートは富士急行「寿《ことぶき》」駅（写真❶）。無人駅で降りるとすぐ目の前に国道139号線が通っている。ちなみにこの縁起の良い駅名に惹かれる人は多く、富士急行の有人駅で入場券を購入することができる（4種類の絵柄がある）。

駅を出て、国道139号線に沿ってしばらく歩くと歩道橋とともにY字路が見えてくるので（写真❷）、このY字路を国道からそれて左手に進む。左手に福昌寺を見ながら道なりに左折。さらに100mほど進んで鉤型のカーブを右に曲がると見通しのよいゆるい下り坂の道に出る。

ここを500mほど直進すると、2階建てで税理士事務所の看板のかかる建物が目印の十字路がある（写真❸）。ここを左折して、上暮地《かみくれち》コミュニティセンターを右手に見ながら直進する。道は、はっきりした直線ルートではないので、ややわかりにくいが、白糸の滝の看板（写真❹）

上❶　富士急行「寿」駅改札
中❷　国道139号線分岐
下❸　国道139号線。上暮地白糸からの十字路（北側を臨む）

上❹ 「白糸の滝」案内板　白糸の滝の所在を示す案内板だが、化石産地と同方向なので、これにしたがって移動する
下❺ オートキャンプ場。殿入川河畔

を追いながら、進むとよい。

集落の中では最初、ゆるかった坂も、沢に沿って山に入り込むほどに傾斜は増す。とくにオートキャンプ場の手前から急に斜度は増すので（写真❺）、健脚が要求される。なお、このオートキャンプ場の位置する沢が「殿ノ入沢」であり、この沢を刻む川が「殿入川」である。

所どころにある「白糸瀧」の案内看板を確認しながら道沿いに歩いていくと、沢を一度横切った先の右手に大きな採石場跡がある（写真❻）。

元々この周辺に広がる「古《ふる》屋《や》層」と呼ばれる地層は、中新世（約 2300 ～ 500 万年前）の中期に汽水～淡水の環境で堆積した扇状地・三角州堆積物と考えられている。その最下部に砂鉄層の鉱床があり、殿ノ入沢周辺で 30 ヵ所におよぶ採掘跡が分布する。上記の採石場跡は「貝石坑《かいせきこう》」と呼ばれていた砂鉄採掘の跡地である。砂鉄層の上に貝化石の層がのる、という地質構造になっている。この跡地の右手に殿入川が流れているので、これに沿って上流に向かって歩く。夏は草木に覆われるので、沢沿いを歩きたいところだが、砂防堤が 1 つあるため乗り越えるのが難しく、採石場跡から沢に入ることをすすめる。

砂防堤の上流 30 m くらいのところの左手に、砂岩層の崖がある（写真❼）。

上6 貝石坑砂鉄採取跡地。古屋層の最下部に近い位置にあたる
下7 貝石坑上流。化石産地

上8 化石産状
下9 白糸の滝

たまねぎ状に風化している様子が見てとれる。そして、その崖の下の部分に化石層を見ることができる（写真8）。

古屋層は桂川累層《かつらがわるいそう》と呼ばれる大きな地層のグループの中に含まれ、その砂岩層は化石を産することで知られている。

ツキヒガイやカミオニシキガイのような二枚貝はいうまでもなく、サメの歯、カシパンウニと呼ばれる薄くて棘のないウニの仲間などの産出が報告されている。富士吉田市が「富士の国やまなし観光ネット」の中で、『白糸の滝自然探索と殿ノ入沢化石採集コース』ということで紹介していることで訪問者が多いのか、河原の転石などから簡単に見つけることは難しく

⑩ 桂川礫岩層にはさまる粗粒砂岩

なりつつあるが、崖などを注意していると、保存状態のよい貝化石を見つけることができる。

この地点からさらに上流に500 mほど歩くと、「白糸の滝」を見ることができる（写真❾）。白糸の滝は、桂川層の中の「桂川礫岩層」の模式地（ある地層の代表的なものが見られる地点）であり、よく円磨された礫岩をその中に見ることができる。白糸の滝では、この礫岩層ならびにその間に挟まる砂岩層（写真❿）をよく観察できる。

帰りは、来た道を引き返すわけだが、関東地方南部の照葉樹林の織りなす四季の風景を堪能することができる。

小原島

★★☆（バス利用）
★★★（すべて歩き）

二枚貝、巻貝など（イタヤガイ、ホタテ、フジツボなど）
産地名：山梨県南巨摩郡身延町小原島

保存状態のよい貝化石産地、化石公園・道の駅「富士川ふるさと工芸館」

JR 身延《みのぶ》線「身延」駅 → 早川町乗合バス「奈良田温泉行き」→ 国道 52 号 →「三ツ石」バス停 → 早川橋 → グランドゴルフ場 → 早川河床（復路は同コースをそのまま戻る）

化石公園、道の駅「富士川ふるさと工芸館」

スタートは JR 身延《みのぶ》線「身延」駅。この駅は日蓮宗総本山である身延山久遠寺《くおんじ》や南アルプスを控えた身延線の拠点駅である。特急「ふじかわ」を含むすべての列車が停車する。当駅を境として旅客流動に違いがあるため、乗客の多くが入れ替わる。

駅前は整備されており、バスロータリーやタクシー乗り場がある。駅前広場から土産物屋が並ぶ商店街（しょうにん通り商店街）が延びており、この商店街は平成 9 年（1997）に区画整理が行われ、建物のデザインが和風に揃えられている。この「身延」駅前のバスロータリーで、早川町乗合バスの「奈良田温泉行き」に乗車する。国道 52 号を走り、新早川橋付近から西に方向を変え、早川上流方向に進み、早川橋（写真❶）の手前約 1.2 km 付近のバス停「三ツ石」（写真❷）にて下車する。このバス停から早川橋（上流）に向かって西に 600 m ほど徒歩で進み、グランドゴルフ場への道案内に沿って南に進み、早川の河床へ向かう。

上❶　早川橋
中❷　「三ツ石」バス停
下❸　早川橋の南詰から手前 300 m 付近の駐車場

なお、バスではなく自家用車でこの付近に来る場合には、国道 52 号から早川町方面の案内にしたがって西に進み、早川橋付近まで進む。早川の右岸沿いに早川橋の手前 300 m 付近の駐車場（写真❸）に車を止めて、駐車場付近から河床に向かう小さな道をたどって、化石の分布する早川の河床に向かう。

上❹ 早川橋河床付近
下❺ 地層の中に化石が含まれているだけでなく、地層が傾斜している様子も観察できる

❻ 道路沿いに化石が観察できる

このように、バスあるいは自家用車によって、早川橋から 200 ～ 500 m 下流部の河床にたどり着けば、礫岩・砂岩・泥岩などの地層が、交互に重なっているのが観察できる（写真❹❺）。これらの地層中には、二枚貝や巻貝などの温暖な浅海に生息する軟体動物化石（タマキガイ・イタヤガイ・ホタテガイ・フジツボ・サンゴなど約 20 種）が含まれている。生息していた時代は、およそ 600 万年前と推定されている。

また、この河床部一帯の地層の傾斜は 70 ～ 80° の急傾斜であることも観察できる（写真❺）。この地層の急傾斜については、当初地層が水平に堆積したものが、その後における地層の水平運動によって地層変形が認められたわけである。つまり 600 万年前から現在までに、大きな力がはたらいたことによって地層が褶曲《しゅうきょく》し、その結果として現在見ている急傾斜の状況になったことが理解できる場所である。

早川橋下流河岸から後述の県道沿いの「小原島の天然物指定貝化石」付近ま

上❼ 山梨県の天然記念物指定の看板
下❽ 化石公園への案内看板

で、早川橋付近には河床から道路(県道)沿いまで、河床を中心にあちこちに化石が観察できる。

この付近以外にも、後述のようにおもに2ヵ所で化石の観察ができる。

そこで次に、この河床を離れて早川橋南端付近から県道を西に約500 m進むと、早川右岸の県道沿いに高さ20 m、幅30 mほどの礫質～砂岩の大きな露頭がある(写真❻)。ここに山梨県天然記念物指定の小原島貝化石の説明版がある（写真❼）。ただし、ここは、コンクリート護崖がなされていないので、露頭観察はできるが、化石採取は禁止されている。

今まで紹介した早川橋付近のほかにも、化石の観察できる場所として遅沢《おそざわ》の化石公園がある。早川橋の北詰から西に県道を進むと、道路沿いにある「化石公園→この先700 m」の案内（写真❽）がある。この指示に沿って進むと、化石公園に着く。ここには貝化石を含む岩石の塊が展示されている（写真❾）。また、化石公園付近を流れる河川・河床を歩くと破片を含む多くの貝化石が観察できる。

化石以外にも、この付近でおすすめのスポットとして道の駅「富士川ふるさと工芸館」がある（写真⑩）。この富士川ふるさと工芸館は、地形図や道路案内では「富士川クラフトパーク」の表示のケースもある。国道 52 号から早川方面に進む交差点からすぐのところに、山梨県が平成元年（1989）に供用開始した 53 ヘクタール（東京ドーム約 11 個分）の大規模公園である。園内には、自由に走り回れるイベント広場（芝生広場）をはじめ、大型遊具を楽しめる砦遊具広場、森林浴にピッタリの自然観察の森、サザンカとキンモクセイでつくられた巨大迷路などがあり、子ども連れには楽しみな公園であろう。

上⑨ 化石公園では化石が含まれる大きな石の塊りがある
下⑩ 道の駅「富士川ふるさと工芸館」

戸隠★★★

貝（カキ、ウミニナ、シラトリガイなど）、植物（転石を拾うだけ）
産地名：長野県長野市戸隠豊岡

裾花川沿いの地層、地質化石博物館、長野県北部に分布する新第三紀層、柱状摂理、化石の産状、河岸段丘、戸隠地質化石博物館、鬼女紅葉の墓（鬼の塚：石造五輪塔）

JR 信越本線「長野」駅 → 国道 406 号線（アルピコ交通「鬼無里行き」）→ 松島トンネル → 湯の瀬 → 裾花ダム →「参宮橋入口」バス停 → 参宮橋 → 下楡木集落跡 → 森林囃《もくもくばや》子《し》（入浴施設）→ 柵橋 → 鬼の塚 → 戸隠地質化石博物館 →「参宮橋入口」バス停 → JR「長野」駅

戸隠山、戸隠森林植物園、戸隠神社、奥裾花渓谷、茶臼山恐竜公園

スタートはJR信越本線「長野」駅。善光寺口からアルピコ交通の「鬼無里《きなさ》行き」のバスに乗車（休日はバスの本数が少ないので、要確認）。長野市街地から急に険しい山の中に入るが、この市街地と山の境界には活断層が位置する。この活断層が長野市西部の山地側を隆起させ、盆地側を沈降させている。江戸時代末の弘化４年（1847）に発生したマグニチュード7.4の直下型地震の震源ともなっている。

裾花川《すそばながわ》沿いの松島トンネル付近には、灰白色から黄白色の流紋岩質の火山灰や溶岩が固まった地層（裾花凝灰岩層）が大きな崖をつくっている。約700万年前、海底火山が噴火した際に堆積した地層である（写真❶）。

❶ 裾花凝灰岩層（松島トンネル付近）

上❷ 狢郷路山
中❸ 荒倉山火砕岩層
下❹ 三竈《みかまど》

その後、「湯の瀬」バス停付近から裾花川の谷が広くなる。

昭和初期、ここには温泉保養地があり、善光寺白馬《はくば》鉄道も敷設されていた。このあたりは約600万年前の泥や砂でできた地層（小川層）からできており、河床でクジラの骨や貝の化石が発掘されている。渇水期だったら立ち寄ってもよいが、十分な注意が必要。これらの泥や砂の地層は地滑りを起こしやすく、南向きの地滑り地には中世から集落が形成されてきた。

裾花川の南側には、縦に割れ目が入った狢郷路山《むじなごうろやま》を遠望できる（写真❷）。大地の割れ目に入りこんだマグマが冷えて固まる際にできた割れ目（柱状《ちゅうじょう》節理）が見事。輝石安山岩でできたこの山は、かつて石切り場だった。周囲の地層より硬いため独立峰となり、ランドマークとなっている。

さらに上流に進むと、裾花ダムとその基盤となっている地層（荒倉山火砕岩層）がよく見える（写真❸）。これらは安山岩質の溶岩や火山灰が固まってできたもので、約500万年前の海底火山の噴火によってできた。硬いので、この地層が

分布する部分は険しい渓谷をつくり、ダムの設置場所ともなっている。この渓谷は新緑や紅葉の時期が美しく、その時期に訪れてほしい。また、裾花川が下刻した際につくった洞窟（ノッチ）も見ることができる（写真❹）。「三竈《みかまど》」と呼ばれ、神社として祀られている。

さらに上流へ向かい、「参宮橋入口」バス停で下車する。バス停から坂を下り、参宮橋を渡ってすぐ右折。約500 m 東へ歩くと大きな露頭があるので（写真❺）、そこで地層や化石を見学しよう。ここでは、砂や泥でできた地層（猿丸層《さるまるそう》）の中に、マガキの化石の密集層を観察することができる（写真❻）。ここは私有地のため、崖を崩して化石を掘ることはできないが、落ちている転石の中から化石を拾い出すことは可能。ここで見られる地層は約 250 万年前、新第三紀の終わり頃のもの。信州の山奥まで日本海が広がっていたことを示す。マガキをはじめウミニナ、シラトリガイ、オオノガイ、広葉樹の葉などの化石を拾うことができる。露頭をよく見ると、暗灰色の砂質泥岩の中にのみ化石が含まれていることがわかる。化石の種類からも当時、浅い海辺の干潟だったことが推定でき、干潟にくらしていた貝類が、流路の変更や大雨などによって、砂が

上❺ 砂岩と泥岩の重なり（猿丸層）
中❻ マガキ化石の産状
下❼ 猿丸層の大露頭（礫岩も観察できる）

上❽ 鬼の塚（石造五輪塔　高さ 165 cm）
中❾ 柵小学校を利用した戸隠地質化石博物館
下❿ たくさんのホタテガイ化石（柵層産）

流入して化石として保存されたことがよくわかる。逆断層も観察できるので、時間を取って観察しよう。

さらに下流に歩くと、礫岩層や石英安山岩質の凝灰岩も観察することができる（写真❼）。この礫岩中には、北アルプス（飛騨山脈）を起源とする花崗岩やチャートなども含まれ、北アルプスの隆起が始まり、この地域に河川が運んだ砂礫によって海が埋め立てられていったことが推定できる。がけ崩れの危険があるので、観察の際は十分に注意が必要。

観察が終わったら参宮橋まで戻り、入浴施設「森林囃子《もくもくばやし》」のほうへ進む。約5分も歩くと柵《しがらみ》橋に着く。橋の北側には安山岩の溶岩が露出している。これは、裾花ダム周囲に分布する荒倉山《あらくらやま》火砕岩層の一部。この一帯で地層がたわんだ向斜《こうしゃ》構造をしているので、再び見ることができる。

その後急な坂を上り、住宅地にたどり着く。住宅地はかつて川が流れていた河岸段丘面上にあり、大地の隆起を教えてくれる。その住宅地の北側に、「鬼の塚」と呼ばれる大きな石造五輪塔がある（写真❽）。この柵地区は、謡曲「紅葉狩《もみじがり》」の舞台とされており、鬼女紅葉に関する史跡が多い。ここでひと休みし、さらに坂を上っていこう。10分ほど歩くと視界が急に開け、第四紀火山の飯縄山《いいづなやま》が見えるようになると「戸隠地質化石博物館」に到着だ（写真❾）。

この博物館は、廃校になった柵小学校の3階建の校舎を利用したもので、玄関には化石のびっしり詰まった2トンの岩塊、ミンククジラの全身骨格が展示されている。ほかにも、戸隠産の絶滅したホタテガイ類をはじめとする貝化石（写真❿）、カニやウニ、ホホジロザメ、クジラやオットセイ、ジュゴンの仲間ダイカイギュウ（大海牛）などを展示し、長野県でも最も山深いこの地域が北部フォッサマグナ地域にあり、日本海に続く海だったことや当時の古環境を紹介。

上⓫ 化石のとれる戸隠山（1911 m）
下⓬ 奥裾花で見られる向斜構造（日影向斜）

また、こうした日本海の一部だった場所が隆起し、長野市西部の山地となった過程を学べるようになっている。地形模型や断層の剥ぎ取り標本もあり、第四紀の変動、千曲川や犀川《さいかわ》、裾花川が流れる平原ができたり、飯縄山が噴火を繰り返したり、長野盆地西縁の断層の動きで善光寺平がつくられたりした歴史も詳しく学べる。ほかにも生物の進化や長野周辺の動植物標本、懐かしい学校資料など楽しい展示が見もの。周囲の自然を生かした地層見学や自然観察など、体験を通じて学習できる博物館ともなっている。

この博物館から、約500万年前の海底火山の地層が約2000 mまで隆起した戸隠山（写真⓫）や、約300万年前の地層が高さ100 m以上もの崖をなし、連続的に露出している奥裾花渓谷（写真⓬）まで自家用車だと約30分で行くことができる。博物館もあわせ、こうした地学スポットを訪ねてほしい。

阿南町富草★★★

二枚貝、巻貝、サメの歯
産地名：長野県下伊那郡阿南町富草浅野

秘境駅、天竜川の段丘、断層、阿南町化石館

JR 飯田線「田本《たもと》」駅 → 鴨目 → 浅野 → 阿南町化石館 → JR「門島《かどしま》」駅

飯田市美術博物館

歩行距離が長く、道もわかりづらいので、詳しい地図（国土地理院発行 1/25000 地形図「山田河内」など）を持参するとよい

JR飯田線「田本《たもと》」駅は長野県下伊那郡泰阜《やすおか》村の無人駅（写真❶）。目の前には垂直に立つ崖と、その反対側に天竜川があるだけで道路すら見あたらない。ここは全国的に有名な秘境駅だ。

飯田線は辰野～豊橋の区間を走るJR東海の鉄道路線で、明治から昭和初期にかけてつくられた４つの鉄道路線が統合したものだ。天龍峡以南は険しい地形のため困難を極めた。測量にはアイヌの測量技師、川村カ子ト（カネト）があたり、難工事の末、昭和12年（1937）にようやく完成した。

上❶　周りに何もない「田本」駅
下❷　「田本」駅付近の天竜川

まずは、線路に沿って南東へ向かおう。鉄道トンネルの左側から崖をのぼって右側へ行くと道が二股に分かれるが、右の道をたどる。崖には黒雲母がキラキラ光る片麻岩《へんまがん》と細粒黒雲母花崗岩（門島《かどしま》花崗岩）が分布している。500ｍほど歩くと天竜川を渡る吊り橋に出る。V字状に掘り込んで流れる天竜川が雄大だ（写真❷）。

❸　砂岩（上）と礫岩（下）

吊り橋を渡り終えると化石で有名な阿南町だ。吊り橋の橋台は花崗岩だが、正面の露頭は左（南）へ緩く傾く砂岩だ。最上部には礫岩《れきがん》がある。この礫岩は、さらに数十ｍ行くと崖の下半分に現れる（写真❸）。礫はこぶし大から人頭大の大きさで、角がとれて丸くなっている。これらの

❹ 天竜川の河岸段丘

砂岩と礫岩は約 1800 万年前にできた地層で、富草層群温田層《とみくさそうぐんぬくたそう》と呼ばれている。薄い亜炭層《あたんそう》が挟まれ、海の化石が見つかっていないことから、河川の堆積物と考えられている。

200 m ほど進むと右側へ上っていく道がある。カーブミラーが目印だ。急坂を 30 m ほど上ると、視野が開けて広々とした平地に出る。この平地は天竜川がつくった段丘（写真❹）だ。田んぼの土手には時々、丸い礫が転がっているが、これは天竜川が運んできた 10 万年前以降の段丘礫だ。

このあたりは道がいくつも分かれていて複雑だが、民家へ入る道を除いて常に右への道を選択する。2 段目の平地の出てしばらく行くと、水鳥が遊ぶため池が出てくる。ため池は大小 4 つほどある。特養老人ホーム阿南荘から上がってくる車道にぶつかって右手へ行くと、すぐに右手前方へ上っていく小道がある。道沿いの斜面には下部に富草層群大下条層《おおしもじょうそう》の砂岩、不整合をはさんで上部に段丘礫層が見られる（写真❺）。

上❺ 砂岩を覆う段丘礫層
下❻ 美しい茶畑

3 段目の段丘をさらに北西へ行き、右手に北條神社を見送ると、ここから先には段丘礫層は見つからない。風化した砂岩層が時々見られる程度だ。神社から北西へ 600 m ほど行くと、前方にきれいな茶畑が現れる（写真❻）。県道 113 号粟野御供線《あわのおども》（以下、県道 113 号線）に出たら右折して門原川《もんばらがわ》へ向かう。700 m ほど下っていくと前方に大きな

露頭が現れる。地層全体は北西に傾斜していて、露頭の下部に厚さ 50 cm のクロスラミナをもつ砂岩とその下位に平行ラミナの顕著な凝灰岩がある（写真❼）。

さらに 700 m ほど下っていくと門原川を渡る橋に出る。橋を渡らずに右岸側の道を上流へ 500 m ほど行くと、右手に陶芸センターが現れる。左手には浅野温泉の建物が建っていた広場が現れる。ここから道を外れ支流に沿って小道を上がっていく。ブロック積みの堰堤が現れて小道が途絶えるが、堰堤を右手から乗り越える踏み跡がある。沢沿いに 200 m ほど遡っていくと川底に二枚貝や巻貝などの化石を含む砂岩が現れる。この付近からパレオパラドキシアやサメの歯などが見つかっている（写真❽❾）。

上❼　富草層群大下条層の砂岩と凝灰岩
中❽　浅野から見つかった二枚貝の化石
下❾　サメの歯やイルカの肋骨の化石

化石を採集したら、慎重に浅野温泉跡地の広場まで戻ろう。今度は陶芸センター左手の小道へ入って門原川を渡り、県道 113 号線へ出る。県道をどんどん上り、浅野の集落を過ぎて峠を越えると、道はまっすぐ延びる県道と左へ曲がる道に分かれる。ここを左折して粟野へ向かう。ほとんどコンクリートで覆われているが、道路工事の時にムカシブンブクやクジラの化石などが見つかった場所だ。途中に断層の観察露頭があるので見ておこう（写真❿）。つづら折りに上っていくとトンネルに出る。

トンネルをくぐって振り返ると、入口の上に断層が見えている。右側にグラウンドが出てくると、道は左右に分かれる。右の道を50 mほど下って富草保育園の手前を左折すると、「阿南町化石館」が正面に現れる（写真⓫）。展示してある化石の多くは、旧富草中学校の化石クラブ員が集めたものだ。ユニークなのは、化石と現生の標本を色分けしたプレートに載せて並べて展示してあることだ（写真⓬）。

上⓾ 砂岩と泥岩を切る断層
中⓫ 阿南町化石館
下⓬ 阿南町化石館の展示

保育園まで戻り、左折して門島方面へ向かう。正面には木曽山脈の南駒ヶ岳が見え隠れし、右手には緩やかな谷がある。県道 242 号粟野門島停車場線（以下、県道 242 号線）に合流して 250 m ほど行くと、先ほど別れた県道 113 号線が右から合流する。ここを右折して、県道 113 号線を 100 m ほど行くと掘割が出てくる。この付近は新木《あらき》田《だ》層の砂岩泥岩互層が分布している。掘割の右（南）側で縞模様の発達した地層が観察できる。1 つひとつの地層をよく見ると、下部から上部へかけて粒子が小さくなっていたり、泥岩の偽礫《ぎれき》が含まれていたりする。これらの地層は海底斜面を流れる混濁流《こんだくりゅう》が深い海の底で堆積したものだ。

掘割の手前を左折して小川沿いに下っていこう。対岸にはきれいな砂岩泥岩互層が見えている。これらも混濁流の堆積物だ（写真⓭）。再び県道 242 号線に戻って下りはじめると、急に険しい谷となる。ちょうどここに遷急点《せんきゅうてん》があって、下流から盛んに侵食が進んでいる場所だ。500 m ほど下り、右へ降りる 2 つめの道は門島へ行く近道だ。ここをぐんぐん下って行く。県道 242 号線に合流する手前に泥炭を何層も挟む砂岩層（写真⓮）がある。この地層は基盤岩に接した新木田層の周縁相で、恩沢相《おんざわそう》と呼ばれている。この先の大沢川上流には、この恩沢相が河床に現れていて、たくさんのサメの歯や二枚貝のほかに、チョウザメの鱗やパレオパラドキシアの大臼歯が見つかった。残念ながら河川改修によってコンクリートに覆われてしまった。

上⓭ 海底土石流の堆積物（写真幅約 8 m）
下⓮ 泥炭を挟む砂岩泥岩（恩沢相）

県道 83 号下條米川飯田線に出て右折して、天竜川にかかる櫓橋《やぐら》を渡って左へ上がっていくと「門島」駅に到着する。上流側には昭和 10 年（1935）に完成した泰阜ダムと発電所がある（写真⓯）。

⓯ 泰阜ダムと門島発電所

丸の内・大手町・日本橋

★☆☆（歩き・地下鉄）
★★☆（すべて歩き）

アンモナイト、ベレムナイト、厚歯二枚貝、巻貝、ウミユリなど
産地名：東京都丸の内・日本橋

日本橋三越のアンモナイト

JR「東京」駅 → 丸の内 → 大手町 → 日本橋 → 東京メトロ「日本橋」駅

東京駅丸の内駅舎

JR「東京」駅を出発点とする。平成24年（2012）に改築が終了した丸の内駅舎の中を通って丸の内北口改札を出ると、復元されたばかりの北ドーム部の真下に当たる円形の広場に出る。さっそく足元を見てみよう。放射状にデザインされた床の石材のうち、灰褐色の石灰岩の中に多数のウミユリの化石を見ることができる（写真❶）。人の往来の激しい場所であるので、じっくり観察したい場合は周囲への配慮が必要である。

❶ 丸の内北口の様子。床のグレーの大理石に化石が含まれる

丸の内北口を出たらロータリーを越えて左斜め前方に見える丸の内ビルディング（丸ビル）を目指そう（写真❷）。かつては8階建てで、戦前は「東洋一」と讃えられた丸ビルは、平成14年（2002）に37F建てのビルに改築され、現在も丸の内オフィス街の象徴となっている。丸ビルのB1Fに降りると、さまざまな飲食店やショップで賑わうエリア全体の壁材として、「ジュライエロー」と呼ばれる石灰岩が用いられている。これは名前の通りジュラ紀の、ドイツ産の石灰岩であり、中にアンモナイト、ベレムナイト、厚歯二枚貝といった多種多様かつ保存のよい化石を含むことで知られている。人気のある石材らしく、いわゆる「街の化石」として紹介される化石がジュライエローのものであることが多い。この丸ビルB1Fでもそうした化石

❷ 丸ビル（奥）と新丸ビル（手前）

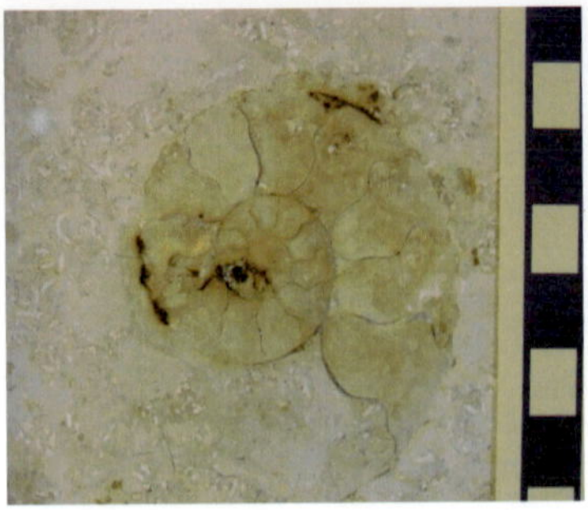

❸ 丸ビル B1F のアンモナイト

を観察できる（写真❸）。

丸ビルの化石を堪能したら地下通路を通って新丸の内ビルディング（新丸ビル）に向かう。ここに限らず、丸の内エリアのオフィスビルは、「東京」駅も含めてほぼすべてが地下通路でつながっているため、丸の内エリアに限れば、すべて地下を通って観察ポイントを回ることも可能で、雨の日でも快適に化石観察を行うことができる。新丸ビルでおもに化石が見られるのは B1F から 2F エスカレーター周辺の床で、多数の二枚貝やサンゴの化石が見られる。また、4F ショッピングフロアの床でも巻貝やサンゴの化石が見られる。

丸の内の隣である大手町では比較的古いビルが残っており、以前から存在が知られた化石観察ポイントがある。まず、新大手町ビルヂングに入ると、1F の赤い石灰岩が使われた柱が目に入る。この中にはアンモナイトやベレムナイトの化石が含まれている。そこから少し離れた大手町ビルヂングにも似たような赤色の石灰岩でできた柱があるが、これに含まれる化石は古杯類《こはいるい》やウミユリ、サンゴなどである。KDDI 大手町ビルディング（写真❹）では 1F および 2F の壁で二枚貝、巻貝、ウニなどの化石を観察することができる。数が多く、産状もバラエティに富むため、観察に適したポイントである。

❹ KDDI 大手町ビル

ここで大手町から日本橋に移動する。歩くこともできるが、地下鉄で移動すると楽である。東京メトロ半蔵門線「大手

町」駅から１駅で次の目的の「三越前」駅に行くことができる。「三越前」駅の半蔵門線と銀座線との連絡通路を歩くと、もはや見慣れたジュライエローの壁が見える。壁の面積が広く、化石の数・種類ともに豊富で観察しやすいポイントだが、丸ビルやオアゾで観察した後だと、少し食傷気味になるかもしれない。そこでここは早々に切り上げて日本橋三越の本館に入ってしまおう。1Fの中央ホールにある豪華絢爛な天女（まごころ）像（写真❺）の後ろの、イタリア産の大理石でできた階段に、多数のアンモナイトやベレムナイトの化石が含まれている。とくに大きいものや形の良いものには、カバーや解説板まで設置されている（写真❻）。これらの化石は街化石のファンには以前から知られた有名なものである。

❺ 日本橋三越の天女像

日本橋三越を後にしたら、もう１つのアンモナイトの見られるデパートである、日本橋タカシマヤに向かう。その途中にあるコレド日本橋では1Fの壁で小さな貝の化石を観察することができる。日本橋タカシマヤに正面口から入ると、目の前に地下に向かう大理石の階段があり、アンモナイトやベレムナイトの化石を含んでいる（写真❼）。ここでも三越のように綺麗な化石には矢印がついているため見つけやすい。

ここで丸の内・大手町・日本橋の観察ルートは終わりとなる。

❻ 日本橋三越の解説板

❼ 日本橋タカシマヤのアンモナイト

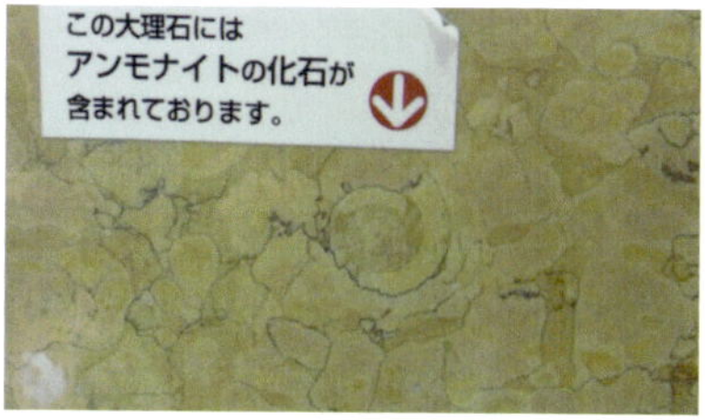

銀座★★☆

アンモナイト、ベレムナイト、厚歯二枚貝、巻貝、ウミユリなど
産地名：東京都中央区銀座、東京メトロ「銀座」駅周辺

ぎおん石の巨大アンモナイト、東京メトロ「銀座」駅構内の化石

東京メトロ日比谷線「東銀座」駅 → 銀座四丁目周辺 →
東京メトロ銀座線・丸ノ内線・日比谷線「銀座」駅

有楽町マルイ・交通会館

東京メトロ日比谷線「東銀座」駅をスタートとする。車両から降りると、さっそく化石を見ることができる。駅のホームの柱や、改札口の駅員詰所の周辺の壁材にはウミユリが含まれている。「東銀座」駅から「銀座」駅には地下の通路を通って行くことができ、その途中で化石を見ることもできるが、それは後回しにしてここでは一度地上に出たい。４番出口から上がると、道路を挟んだ向かいに平成 25 年（2013）４月に建替えの済んだばかりの歌舞伎座が見える（写真❶）。

上❶ 丸の内北口の様子。床のグレーの大理石に化石が含まれる
中❷ 銀座・ストリートガイド
下❸ 中央通りから見た三越と和光

そこから銀座とは逆方面に少し進んだところにある東劇ビルでは、1F の壁にアンモナイトやベレムナイトを観察できる。歌舞伎座を確認したら、晴海通り沿いに銀座四丁目方面へ向けて北上しよう。最初に行き当たる昭和通沿いでは、残念ながら化石を含む建物は見られない。ただ、昭和通りで左折して汐留方面に直進すると、道路の右手に首都高の手前にある銀座三井ビルの 1F にある総合案内所「銀座･ストリートガイド」（写真❷）が見えてくる。ここでは銀座エリアのさまざまな情報や地図を無料で入手することができるので、銀座を散策したい場合は最初にここを訪れることをおすすめしたい。晴海通りを北に進み、中央通りと交差する銀座四丁目交差点に近づくと、三越や和光の時計塔などが見えてきて（写真❸）、周辺はいわゆる「銀座」の雰囲気になってくる。この和光の時計塔は現在２代目で、昭和７年（1932）に竣工した銀座を象徴する建築物である。

上❹ ぎおん石銀座店
下❺ 有楽町マルイ（左）と交通会館（右）

マップに示したように、銀座エリアの化石観察ポイントのほとんどは、この四丁目交差点を中心として、東西に走る中央通りと、南北の晴海通りの北半分の周辺に分布している。また、それらの中で見られる化石は、壁材に含まれるウミユリや巻貝などの小型の化石が主であり、建物の外壁やエントランス内部を注意深く見ていかないと見逃してしまうようなものばかりである。しかしながら、中央通りも晴海通りも道路幅が広く、道路の両サイドを同時に注意深く確認しながら歩くのは困難である。そのため、銀座四丁目交差点を起点として、各方面の大通りの別々のサイドを行って戻ってくるという歩き方が最も効率がよいだろう。中央通りは土・日・祝日は歩行者天国になる時間帯があるので、そこを狙っていくのもよい。

まず、中央通りを新橋方面に歩いてみると、建物の外壁やエントランスの内側に化石を含むビルがいくつか見られる。その多くは建物の内部に入ることなく観察できるが、銀座コアと松坂屋銀座店では中に入る必要がある。いずれの建物の場合も、おもに化石が観察できるのは各階のエスカレーター周辺である。銀座コアでは二枚貝と巻貝の化石が、松坂屋銀座店ではサンゴ類の化石を見ることができる。

晴海通り沿いでは建物の中に入るような観察ポイントはないが、銀座エリアで最大の化石を見ることができる。それは、すずらん通り沿いにある鉱物専門店の「ぎおん石銀座店」店頭に展示されている巨大なアンモナイト化石である（写真❹）。殻の内部構造や縫合線も細かく観察できる、見応えのある化石である。

中央通りを京橋方面に歩くコースでは、まず、銀座ヨシノヤ銀座四丁目店の外壁に注目したい。化石の見られる壁面積は小さいものの、比較的保存のよいさまざまな化石を観察することができる。建物内部で観察できるポイントとしては三越銀座店がある。日本橋店や旧新宿店のようなアンモナイトの化石はないが、各階のエレベーターホールの壁に使われている壁材には、大きめのアンモナイト、ベレムナイト、厚歯二枚貝が豊富に含まれていて、見応えがある。ただし、写真撮影は禁止なので注意したい。

そして、厳密には銀座エリアではないが、西銀座通りを挟んで銀座の反対側にある有楽町マルイと、交通会館は化石観察ポイントとしておすすめしたい。とくに有楽町マルイ1Fの床には大きめの巻貝化石が多数含まれている（写真❺）。

ひと通り銀座エリアを観察したら、最後は地下鉄銀座駅である。「銀座」駅構内は化石の種類・数ともに豊富なことで知られており、観察ポイントも多い。駅構内で化石の見られる石材は大きく分けて白黄色・赤色・黒色の３種類があり（写真❻）、おもに白黄色の石材には厚歯二枚貝が、赤色の石材にはアンモナイト、ベレムナイト、サンゴなどが、黒色の石材にはウミユリの化石が含まれる。白黄色の石材は改札口周辺の柱などに用いられている。わかりやすい所では丸ノ内線と日比谷線の間にあるコンコース「銀座のオアシス」で見ることができる。赤色の石材は、ホームから改札口につながっている階段やエスカレーターの部分の壁や柱として用いられている。黒い石材は上記の階段周辺の床に使われている。

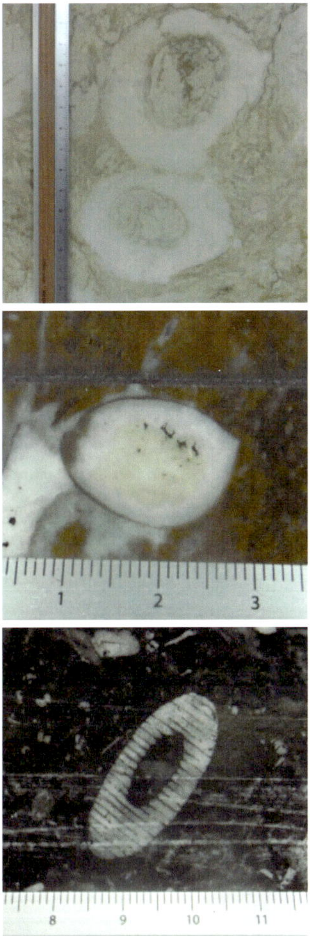

❻「銀座」駅構内で見られる３種の石と化石

新宿 ★★☆

アンモナイト、ベレムナイト、厚歯二枚貝、巻貝、ウミユリなど
産地名：東京都新宿区　JR「新宿」駅周辺

ビックロ（旧三越）のアンモナイトやベレムナイト、
新宿 NS ビルのサンゴやウミユリ

東京メトロ丸ノ内線「新宿三丁目」駅周辺 → JR「新宿」駅周辺 →
新宿副都心

東京都都庁展望室

東京メトロ丸ノ内線「新宿三丁目」駅をスタートとする。B5 出口が伊勢丹とつながっており、地上に上がると三井住友銀行がある。この B5 出口の階段と、上がった所の周辺の壁に、さまざまな二枚貝や巻貝、ウニなどの化石が見られる（写真❶）。化石の種類、数とも豊富で、建物の外でもあるので、非常に観察がしやすい。また、地下の伊勢丹の入口付近にも化石が見られる。

B5 出口を出ると、目の前の新宿三丁目西交差点の斜向かいに、大きな白いビルが見える（写真❷）。ここはかつて新宿三越アルコット店だったところである。建物内の建築資材にさまざまな化石が含まれることで古くから知られており、日本橋三越などと並んで、知る人ぞ知る街化石の名所であった。日本橋三越同様に、建物内の化石を積極的に来店者に紹介しており、店内に解説板を付けたり、化石の解説や、それらがどこで見られるかの見取り図を紹介する「化石ガイド」という小冊子まで店頭で配布したりしていた。残念ながら新宿三越アルコット店は平成 24 年（2012）3 月末で閉店し、現在はビックカメラとユニクロが融合した「ビックロ」になっている。店内は全面改装されているが、化石が見られた階段などは当時のままで、解説板や化石を指し示す矢印なども一部残されており、今でも多数の化石を観察できる（写真❸）。

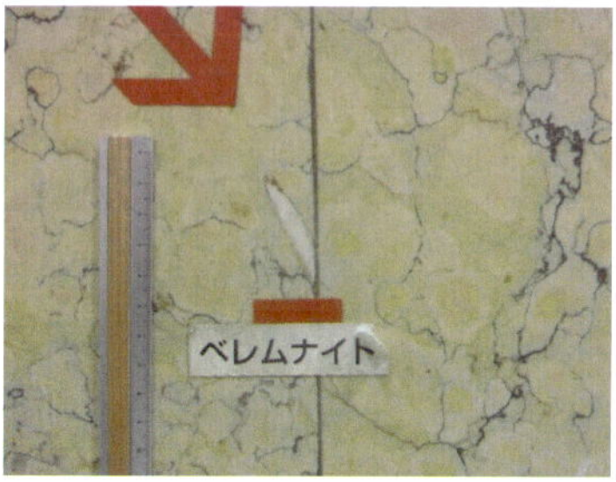

上❶　丸ノ内線「新宿三丁目」駅 B5 出口
中❷　特徴的な外観をもつビックロのビル
下❸　ビックロ店内に残る三越時代の名残

ビックロを出て、新宿通りを JR「新宿」駅方面に少し歩くと、右手に紀伊

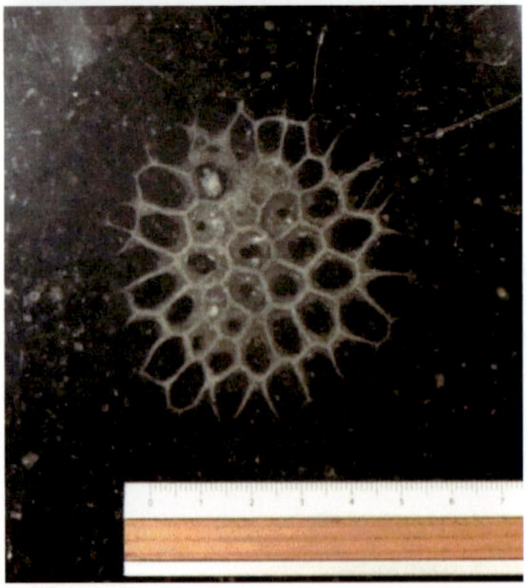

上❹ リニューアルした化石・鉱物標本の店
中❺ エスカレーターと階段の境界の壁に化石がある
下❻ 新宿 NS ビルのサンゴの化石

國屋書店が見えてくる。紀伊國屋書店の手前のカワセビルでは、エントランスから地下に向かう階段の壁で、チョッカクガイやウミユリと思しき化石を観察できる。紀伊國屋書店の 1F には平成 25 年（2013）2 月にリニューアルしたばかりの「化石・鉱物標本の店」がある（写真❹）。売り場面積が以前の 2 倍以上になっており、さまざまな化石や鉱物を見ることができる。

紀伊國屋書店を出たら新宿通りを渡って目の前の道をまっすぐ歩き、JR「新宿」駅南口方面のタカシマヤタイムズスクエアに向かう。甲州街道の下をくぐると、すぐにタカシマヤ 1F の明治通り口が見えてくる。そこから中に入ってすぐにあるティファニーの周辺の壁に厚歯二枚貝やサンゴなどの化石が含まれる。また、各階のエレベーターホール周辺にも化石が見られる。

ここでの観察が終了したら、東急ハンズの 2F のサザンテラス口から外に出よう。目の前の陸橋を渡り、右折して「新宿」駅南口のルミネ新宿 1 を目指す。ここの 1F に入るとすぐに地下街へ降りる階段があるが、ここに厚歯二枚貝などを含む大理石が使われている（写真❺）。同じ大理石は2Fへの階段でも見られる。

次に向かうのは小田急百貨店である。1F のブルガリの周辺や、10F の中央エスカレーター周辺、13F、14F の壁などで、おもにアンモナイトの化石を観察することができる。

最後に新宿副都心エリアに行ってみよう。「新宿」駅西口から中央通りをまっすぐ東京都庁を目指す。地下道を通って行ってもよい。都庁を中心に散らばらっている各化石観察ポイントは、いずれもビルの 1F のロビーか、B1F のショッピングモールの壁や床などである。いずれのポイントも見応えがあるが、とくに新宿 NS ビルの B1F の黒い床では、サンゴやウミユリなどが多数観察でき（写真❻）、おすすめの観察ポイントとなっている。また、センチュリーハイアット東京の隣の小田急第一生命ビルディングは、毎年 6 月に東京国際ミネラルフェアが開催される場所である。ミネラルフェアに行くついでに、街中の化石観察をしてみるというのもよいだろう。

最後に、化石観察ポイントではないが、東京都庁展望室をおすすめしておきたい。都庁の展望室は北展望室と南展望室の 2 つがあり、いずれも無料である。展望室の高さは 202 m で、これは東京タワーの大展望台 2F（150 m）よりも高い。23 時まで開いているので、副都心の夜景も楽しむことができる。化石観察の旅の締めくくりにいかがだろうか。

街の化石がある場所

街の化石が含まれる装飾用大理石は、高価で見栄えがするため、人目が多く、高級感を求められる場所で、かつ風雨で傷むことのない屋内で使用されやすい。具体的には、一流ホテルやデパート等の商業施設のエントランス、ロビー、エレベーターホール、高級ブランド店のテナント、そして化粧室周辺である。また、建築年数が古い建物のほうが化石に出会える確率が高い。これは、人工的な装飾素材が少ない時代のほうが天然大理石を使用する機会が多かったからであろう。地下鉄駅構内も同様で、銀座線のような古い路線の駅のほうが、街の化石探索に向いているといえる。

横浜★☆☆

アンモナイト、ベレムナイト、厚歯二枚貝、腕足貝、サンゴ、ウミユリ
産地名：神奈川県横浜市西区北幸、高島、みなとみらい、中区山下町

横浜ベイシェラトン ホテル＆タワーズ、JR「横浜」駅東口地下街、PORTA、ランドマークプラザ、ホテルニューグランド本館

JR「横浜」駅 → 横浜ベイシェラトン ホテル＆タワーズ → JR「横浜」駅東口地下街 PORTA → ランドマークプラザ → 日本丸 → 赤レンガ倉庫 → 山下公園 → ホテルニューグランド本館 → みなとみらい線「元町・中華街」駅

三菱みなとみらい技術館、神奈川県立歴史博物館

❶ ホテル建物内の床には、多くの化石が見られる

海外との貿易拠点である港町の特徴は、異国の文化伝来の地であるということ。横浜にも、横浜異人館や瀟湘《しょうしょう》八景をモデルとした金沢八景、食べ物では、馬車道通りの「氷水屋」が日本で初めて製造･販売したといわれる「あいすくりん」や、いわずと知れた牛鍋などにその痕跡を見てとれる。そんな港町横浜の玄関口ともいえるJR「横浜」駅西口をスタートして、すぐ目の前にそびえる横浜ベイシェラトン ホテル＆タワーズが第一の目的地である。

横浜は、駅を中心として広範囲に地下街が発達しており、駅からホテルまでも地下街を通っていくことができる。地下街を通りホテル建物内（B1F）に入ると、すぐ左手にペストリーショップがあり、この店の前の床材にさっそく化石を見ることができる（写真❶）。ここで見られる化石は、ウミユリの横断面とベレムナイト、アンモナイトである。

ペストリーショップ奥にあるエスカレーターで、上のロビーフロアに上がる。このロビーフロアも先ほどと同様に、床材の中に化石が隠れている。電話ブース内の床には、アンモナイトを見ることができる。アンモナイトはほかにも、ロータリーからの入口内側の床にベレムナイトとともに見ることができる。ホテル内ではほかの階にも多くの化石を見ることができるので、時間があればぜひ探してもらいたい。例えば、2Fの占いコーナー脇にあるスロープの壁材にも、ベレムナイトや腕足貝などを見ることができる。

ホテルを後にしてJR「横浜」駅に戻り、そのまま改札前を通過し東口方面に抜けていくと、そこには賑やかな地下街PORTAが待ち構えている。多くのお客さんが買い物に勤しんでいるこのPORTA、実はサンゴをはじめとした、化石の宝庫なのである。PORTAは、足元から1mあたりの高さまで石材で囲ってあるのだが、その至るところに化石を見ることができる（写真❷）。若干遠目でも一目でわかるほど大きなサンゴは、このコースの中で最大の見物

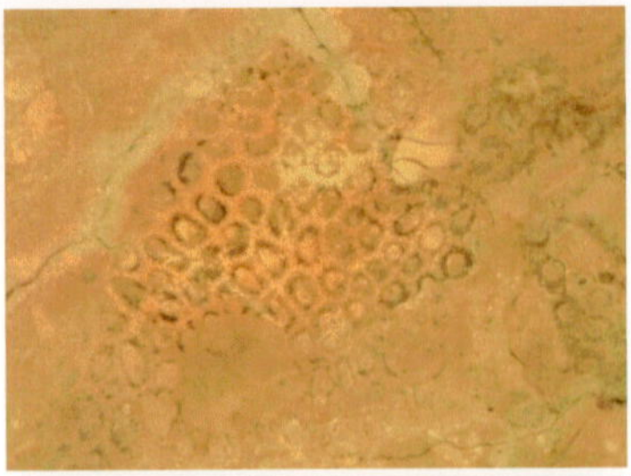

上❷ 至るところにサンゴを見ることができる
下❸ 壁面には、数えきれないほどの化石が！

であろう。こうしたサンゴは、レストラン街を含めさまざまな場所で見ることができる。

PORTAからランドマークプラザまでは、天気が良ければぜひ、横浜美術館前のグランモール公園をゆったりと風を感じながら歩いてみてもらいたい。ランドマークプラザにあり横浜が誇るランドマークタワー、この場所は、いろいろな意味で面白い。超高層ビルとしては平成26年（2014）大阪にオープン予定の「あべのハルカス」に次いで日本で2番目に高く、エレベーター速度としては日本最速を誇る。また、制震設備として巨大な振り子を有している。そして、この近代科学の粋を集めた建築物の建つ場所が造船所のドック跡地であり、さらに、日本に現存する最古の石造りドックヤードであった第2号ドックを復元し、国の重要文化財の指定を受けているドックヤードガーデンが隣接しているのだから驚きだ。こういった歴史が交錯する場所に、またもや化石は姿を現している。

化石は、ランドマークプラザ2Fのマクドナルドの脇の柱にベレムナイト、PLAZA近くの柱にアンモナイトや厚歯二枚貝など、4FのTASAKIの壁面にはアンモナイトや腕足貝などを見ることができる（写真❸）。そのほかにも、気づくと壁や柱に化石たちが潜んでいるのを見つけることができるだろう。

ランドマークプラザから、山下公園の目の前にあるホテルニューグランド本館へ向かう際には、造船所跡地を巡ったのだから、「太平洋の白鳥」などと評される日本丸の美しい姿を見てほしい。運が良ければ帆を風に受けている姿を目にすることができるかもしれない。また、道中、足元にも目を向けてみると、またもやそこで日本丸が目に入るだろう（写真❹）。春先には、回り道になるが、桜を愛でながら汽車道から赤レンガあたりを散歩するのも気持ちいいだろう。また、大桟橋から見るみなとみらいの景色は、絶景である。

山下公園に着くと、今度は氷川丸が迎えてくれる（写真❺）。実は、この氷川丸と先ほどの日本丸は、進水年がそれぞれ 1929 年と 30 年であり、ほぼ同い年なのだから驚きである。この氷川丸のほぼ目の前にあるのが、ホテルニューグランドである。このホテルは、ドリアやナポリタンなどの料理を世に送り出したり、映画「THE 有頂天ホテル」や TV ドラマ「華麗なる一族」の撮影にも使われたり、また、各国の著名人も滞在したりしている。そうした舞台となる本館は、佇まいも内装も伝統ある格式の高さと優雅な品格を併せもち、使われている調度品からもそうした雰囲気を感じる。飾ってある調度品の中には、天板に石材が使用してあるものもあり、その中に腕足貝やウミユリを見ることができる（写真❻）。

こうして歴史と文化に触れた後、さらに横浜中華街や元町、異人館方面に足を延ばしてみても、また、新たな発見と出会いがあるかもしれない。

上❹ こんなところにも日本丸！
下❺ 化石との出会いに向けて出航！

❻ 豪華な調度品の数々にも古代の痕跡が！

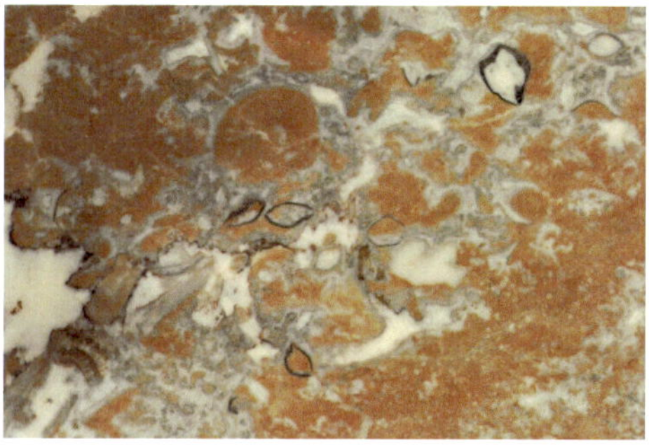

あとがき

子どもの頃、化石というものに憧れがあった。化石がどのようにできるのかも知らずに、石と石の間に木の葉を挟んで土の中に埋めておいた。しばらく経てば化石になると信じて。

大学に進学して古生物学を学んだ。すぐに虜になり、気がつけばアルバイト代、奨学金代をつぎ込んで化石を採集しまくっていた。教員として就職してからも時々化石を採集した。そして、2001 年にまったくの偶然に新種である古代ゾウのハチオウジゾウを発見した。

ハチオウジゾウを発見したのは、東京都八王子市役所からすぐ近くの北浅川の河原である。ここは近所の方々がよく散歩をしている場所だ。そんな身近な所から化石が見つかったのですかと驚かれる。化石は意外と身近なところにもあり、一般の人でも採集方法と場所さえわかれば見つけることができるのである。そして、時にはそれが珍しい化石、貴重な化石、新種の化石である場合がある。報道機関に大きく報道されることもある。まさに古代ロマンである。

化石というと一般の人には、なかなか敷居の高いものと思われがちである。しかし、本書がその敷居の高さを少しでも低くできたらと思う。

本書を刊行できたのは、多くの協力者のおかげである。実際に現地に行き、最新の状況から執筆しなければならないことから、とうてい 1 人だけでの執筆は無理であった。忙しいところを快く協力してくださった執筆協力者に心より感謝したい。また、この企画を頂き、編集でもご苦労をかけた丸善出版の堀内洋平氏にも御礼申し上げる。

2013 年 4 月

相場　博明

索　引

あ

い

う

え

お

か

化石ウォーキングガイド　関東甲信越版
——太古のロマンを求めて化石発掘28地点

平成25年6月10日　発　行

編著者　相　場　博　明

発行者　池　田　和　博

発行所　丸善出版株式会社
〒101-0051 東京都千代田区神田神保町二丁目17番
編集：電話(03)3512-3265／FAX(03)3512-3272
営業：電話(03)3512-3256／FAX(03)3512-3270
http://pub.maruzen.co.jp/

DTP作成・斉藤綾一／組版印刷・富士美術印刷株式会社
製本・株式会社 星共社

ISBN 978-4-621-08663-6　C0040　Printed in Japan